U0830321

每个姑娘都欠自己一个幸福的模样

徐帮学 著

成都时代出版社
CHENGDU TIMES PRESS

图书在版编目（CIP）数据

每个姑娘都欠自己一个幸福的模样 / 徐帮学著 .-- 成都：成都时代出版社，2019. 4

ISBN 978-7-5464-2348-7

Ⅰ. ①每… Ⅱ. ①徐… Ⅲ. ①女性－幸福－通俗读物 Ⅳ. ①B82-49

中国版本图书馆 CIP 数据核字（2019）第 039559 号

每个姑娘都欠自己一个幸福的模样

MEIGE GUNIANG DOU QIANZIJI YIGE XINGFUDE MOYANG

徐帮学　著

出 品 人	李文凯
责任编辑	李　林
责任校对	樊思岐
装帧设计	柳育婷
责任印制	李茜蕾
出版发行	成都时代出版社
电　　话	（028）86618667（编辑部）
	（028）86615250（发行部）
网　　址	www.chengdusd.com
印　　刷	三河市祥达印刷包装有限公司
规　　格	880mm × 1230mm　1 / 32
印　　张	6
字　　数	200 千字
版　　次	2019 年 4 月第 1 版
印　　次	2019 年 4 月第 1 次印刷
印　　数	1-8000
书　　号	ISBN 978-7-5464-2348-7
定　　价	39.80 元

著作权所有 · 违者必究

本书若出现印装质量问题，请与工厂联系。电话 0316-3656589

序：从今天起，做一个幸福的姑娘

美国哲学家梭罗曾经说过："没有哪个地方有幸福，除非你为自己带来幸福。"

认识一个好姑娘，为人开朗，善解人意，从来没见她对别人生过气。姑娘大学毕业后，当上了某媒体的记者，由于工作原因，笔记本电脑成了必需品，可是她并没有多余的钱为自己添置武器，只好带着从朋友那里"继承"下来的十多斤重的笔记本电脑全国各地到处跑。

姑娘常把一句话挂在嘴边："等姐有钱了，一定买个苹果！"她工作认真负责，年终获得了一笔奖金，大家都想着这回她总算可以给自己换个电脑了。结果她淡淡地说："家里的弟弟大学要毕业了，租房子、找工作都得用钱，还是把钱留给弟弟用吧。"于是她把所有的积蓄包括刚刚领到的奖金都一并寄回了家里，就给自己留下了一个月的生活费。

后来，姑娘有了个梦想——考研，可是报名交钱的时候，她又开始犯难。他弟弟毕业都两年了，挣的钱也够养活自己了，可她依然会犹豫不决，生怕家中会有急用钱的情况，所以自己的学习计划一拖再拖。就这样，升迁、跳槽都因为学历这个门槛将她挡在了外面。

我们总说她傻，对人太善良了，善良到忽略了自己。她却总是笑笑，说：“这点苦算什么，以后我找个好男人，让他好好疼我。”可是，那个她心目中的白马王子，至今依然没有出现……

其实，与其去期望谁来爱自己，谁来帮助自己，不如学会自己拯救自己。有人说过：“这个世界漂亮的女人很多，但幸福的女人很少。”是啊，我们每个人都有幸福的权利，但是又有多少人有幸福的能力呢？很多善良的姑娘从小学会的就是舍弃自己的需要去满足他人的需要，舍己为人，讲究奉献精神、牺牲精神。这样的思想已经深入到她们的骨髓，她们让别人幸福了，自己却很累。

不可否认，每个人都有通过对他人的关爱、关心去获得自己被认同被肯定的心理需要，但对他人的关心也要有一个度的把握。你总是将目光放在他人身上，对他们嘘寒问暖，却忽视了自己的健康，忽略了自己的前途，忽略了自己的感受，抱着“我不下地狱，谁下地狱”的想法，最终将自己耗尽，这样真的幸福吗？古人云，一屋不扫何以扫天下，也就是先做好自己的事情、先好好爱自己，做好自己，有余力再去帮助他人。

当你开始爱自己的时候，你也就走向了成熟。你要知道，世上只有一个人在任何时候都不会背弃你，不管贫穷、困厄、疾病，那就是你自己。

姑娘，你那么努力，不是为了别人，你那么坚持，不是为了别人，你从来不欠别人任何东西，你只欠自己一个幸福的模样 。

目 录 | Contents

第一章

好姑娘会发光，幸福才能配得上

•••

立刻马上，不顾一切让自己漂亮起来

女人 20 岁之前的长相是父母给的，之后的大半生，是漫长的自我修行。几乎所有的光鲜亮丽，都离不开背后的辛苦付出；所有的皆大欢喜，都离不开背后的咬牙坚持。

1

一次，我参加同学聚会，女孩子们聚到一起，话题不断。

“喂，你们说说，男人到底喜欢什么样的女人啊？”本来说着各自的孩子，不想娟子话锋一转，抛出这样一个话题。

她这一问，说什么的都有，但娟子总是笑着摇摇头。等我们都说不出答案的时候，娟子才神秘兮兮地说：

“其实，男人很专一的。不管他们 20 岁、30 岁、40 岁，都只喜欢 18 岁姑娘那张青春无敌的脸。”

此言一出，原本嘈杂的周围顿时安静下来。本来，我想反驳她的说法太过“肤浅”，但是转念一想，好像也确实是这个道理：男人永远不会嫌弃女人长得太好看。

最近我在看《我的前半生》这部电视剧。

说实话，剧情没有什么稀奇，也就是玩着抢闺蜜准老公的套路，最后给了个什么都没说的大结局。意犹未尽之余，我从网上得知这是为拍续集埋下的伏笔。

据说，续集剧情将回归原著——罗子君事业崛起，在加拿大邂逅高级建筑师，萌发第二春；唐晶和优质老公隐居国外，过起真女神的生活。可能最狗血的是，罗子君和唐晶竟然重归于好，闺蜜双双变成人生赢家！

看剧不过瘾，干脆买来原著阅读，我发现无论在亦舒笔下还是在剧中，唐晶和罗子君都是极其注重保养的人。她们年过 40 却顶着一张 18 岁的脸，皮肤好看到自带柔光，即使在高清镜头下也连个毛孔都没有。那种紧致白嫩简直是赤裸裸的少女即视感。

这些女人，即使处于人生最黑暗的时期，也会把自己打扮得漂亮精致，并凭借一股子韧劲儿，为自己找到出路和希望，华丽转身！

虽然罗子君输了婚姻，但她还用美貌的脸给孩子争了一口气，以至于在小孩子的争吵中，让儿子自豪地靠一句“我妈妈比你妈妈长得好看”就轻松怼赢情敌凌玲的儿子。你看，你漂亮了，小孩连吵架都能占上风。

我现在越来越相信，那些生活开挂的，都是脸蛋好、身材好还会赚钱的好姑娘。

很久以前，我看过一篇文章叫《我们都为自己着盛装》，内容讲的是，应该把每一天活得喜庆、尽兴，才不浪费这大好芳华，作者在里面建议每一个姑娘都应该穿得好看，这样才会感觉自己更值得被爱。

有句话叫“女为悦己者容”，在我看来是有些偏颇的，姑娘除了为别人而打扮，更应该为自己而装扮。如果自己都不满意自己，又如何去让别人喜欢呢？

有位著名形象设计师说过这样一句话：“女人的第一吸引力，30% 来自仪态，50% 来自外貌与身材，20% 来自内在。”

试想，如果我们能在仪态和外表上拿满分，再通过不断地阅读和学习修炼内在，又何愁不能成为人生的大赢家？

2

上周末，四五年没见过面的大学同学洛洛到北京出差，我们约在国贸附近的星巴克见面。在我的印象里，她一直是那个带点婴儿肥、身材微胖、笑起来眼睛都眯成一条缝，看上去很和善很可爱的姑娘，这样的姑娘和大多数人眼中的“美”还是有些距离的。

但是这次见面，彻底颠覆了她在我脑海中的形象。

她蜕变得落落大方，微卷的披肩发，尖尖的下巴，峨眉淡描，妆容精致，身材窈窕，得体合适的衣着显得她格外知性优雅，用明眸皓齿、顾盼生辉来形容一点也不为过。

看我呆呆地看她，她笑着打趣道：“怎么，在北京混好了，老同学都不认识了？”

“你这变化也太大了吧？要是在哪里碰见，我保证，我一定认不出来。”天地良心，我说的可是真心话。

可不是吗？说她是大学刚毕业的小姑娘肯定不会有人怀疑，但实际上她早已嫁做人妇，孩子都上幼儿园了。

说话间，她招呼服务生点了杯热饮——蜂蜜柚子茶。

“我记得你不是最爱喝咖啡吗？什么时候改喝茶了？这可不是你的风格。怎么，几年不见，连爱好都变了？”我好奇地问。

“咖啡喝多了皮肤容易暗淡粗糙，再说，加了糖的咖啡太甜了，不利于保持身材。”她这样回答我。

“看来变化真不小啊，现在我们洛洛已经是养生专家、美容达人啦！”

“没办法，我可不想胖成以前那样，减肥太难了。”她淡淡地说。

我和洛洛虽然好几年不见，但彼此一直保持联系。我知道生完孩子的她体重暴增，一度胖到了巅峰，用她的话说“大象腿，水桶腰，外加大饼脸”。

为了孩子，她辞掉了原先的工作。有一段时间，她时常打电话给我，话语中满是对丈夫的抱怨和对自己的不自信。

“看你现在容光焕发的样子，典型的被爱情滋润的小女人啊！”我欣喜地说，“快说说，你到底是怎么瘦下来的呢？我可想象不出来，你就是前几年还哭哭啼啼半夜三更给我打电话的那个家伙。”

一说到这里，洛洛的脸上立刻浮现出一抹悲戚的色彩："往事不堪回首啊！那时候，我拼了命地节食，可是越想控制反而吃得越多，以前的衣服全都穿不上，买衣服都得要最大码的，心情能好到哪里去？"

"没有工作，身材也变了形，我的脾气愈加暴躁，和老公动不动就吵架，甚至冷战好多天。慢慢地，他开始经常加班，主动要求单位派他出差。有一次我们吵架，他说我不仅一点都不注重自己的形象，还像个疯子一样蛮横不讲理……"

说到这里，气氛有些伤感。看到她眼里泪光莹莹，我默默地递过一张纸巾，不由地有些心疼。

"听到那句话后，我在客厅呆若木鸡，之后又跑到镜子前仔细地端详自己：头发枯燥，脸色蜡黄，身材臃肿，肚子上仿佛自带游泳圈，我都不明白自己为什么搞成了这样？坦白说，自从孩子出生，我就活在自己的世界里，从来也不想着改变自己，就在那一刻，我突然理解了老公的所作所为，也决定不能让自己继续这样下去。"

于是，我办了张健身卡，按照体重管理老师给我制定的标准严格控制饮食，定时练瑜伽，平时但凡有点时间我都不忘拾掇自己，在我一次次的咬牙坚持下，两个月成功瘦了二十多斤。"

"为了自己的形象，你也真够拼的。"我由衷地赞叹。

"是啊！"洛洛点点头，"看着我把自己变得越来越好，我和老公的关系也很快恢复到了恋爱时的状态。"

如今的洛洛不仅找回了自己原来水灵灵的模样，而且心态也平和了很多。孩子大点后，她又重新找了一份工作，事业顺风顺水，生活热气腾腾。

3

其实，我的故事和洛洛何其相像。

七年前，我满怀憧憬地踏入婚姻的殿堂。我和他算是闪婚，认识不到三个月便结婚了。

那时，我正值青春年华，二十多岁，热衷打扮，追逐时尚潮流，身边也不乏追求者。但我就是爱上他的温柔体贴，才华横溢，决心要和他相伴一生。

婚后不久，我便怀孕了。直至现在，我依然记得第一次当妈妈的喜悦。我辞去了工作，专心养胎，直至孩子出生，当起了全职妈妈。后来，我每天面对的是，孩子、丈夫的起居饮食，屋里的清洁卫生，亲戚朋友的人情往来，事无巨细，几乎霸占了我所有的精力。

闺蜜打电话约周末小聚，我却忙着陪宝宝上早教课；几个好友约着去西双版纳度假，我却因为孩子没人带，无法赴约；老公给我找了一份不错的工作，当时妈妈胆结石住院，孩子嗷嗷待哺，我唯有和他商量推脱。

……

直至有一天，我站在全身镜前被镜子中的那个自己吓了一跳，简直难以置信：宽松随意的家居服，长长的头发被一个卡子随意别起，体型臃肿、面容憔悴、黑眼圈就那么明晃晃地挂在脸上。

或许，我可以用孩子和家庭当作忽略自己的借口，但这并不是阻碍自己一直美下去的理由，更不是放弃自己梦想的理由。曾经想要倚梦走天涯，现在囿于厨房、琐碎的我告诉自己：这不是我想要的。

自我觉醒后，我开始了一系列的改变计划，虽然实现计划的过程苦不堪言：健身、减脂、塑形，体重在一次次大汗淋漓、在一次次咬牙坚持中很快减去近 30 斤。慢慢地，我开始物色新的工作，重新踏入职场。重新学习、认识对小孩的教育，开始有意识地培养孩子的独立能力，并不让小孩过分依恋我。

通过改变，我惊喜地发现，我又有很多时间可以和朋友一起畅聊、欢谈；重新将没有实现的旅行计划提上日程；我感觉自己的状态越来越好，不再在意鸡毛蒜皮的小事，学会了管理家庭婚姻、工作生活，这让我感受到前所未有的充实、自信以及对未来更多憧憬。

生完孩子后，我一度这样告诉自己：女人之美，不在皮相，而在风骨，但事实却是，一个女人能够掌控自己的外在，本身也是一种了不起的才华。有人说，一味地标榜内在而忽视外在，那也是一种肤浅，这句话我点赞。

女人长得漂亮是一种天赋，收拾得漂亮则是一种本事。起舞无须理由，正如生存也无须理由。有时候或许会变，但是只要你想要变漂亮，你就可以所向无敌。只要自己喜欢，就不要太在意他人的眼光。毕竟每个女孩，都可以让自己变得又强又美！

幸运和漂亮的背后，是你看不到的自律

著名心理学医生斯科特·派克在《少有人走的路》中写道："所谓自律，就是以积极而主动的态度，去解决人生痛苦的重要原则。"自律，听起来很难做到，但说简单一点不过是将愿望变成计划，将计划变成习惯，将习惯变成本能。你有多自律，就能有多美。

1

曾认识一个学中医的年轻妈妈。

因为我们下班后都会带孩子去院子里散步的缘故，慢慢也就熟识了。深入了解一番后，我才知道她的订阅号有十多万的粉丝，基本上保持着每天更新一篇文章的节奏。

一开始，我想当然地以为，每天一篇也是可以的，质量怎么样就不好说了。况且，篇幅可长可短，内容可粗可精，但直到我看到她的那些文章后，我才知道我有多小人。

应该说，中医知识都很晦涩难懂，但她的文章深入浅出，浅显

易懂，十分贴合实际。有一些实在理解不了的，还配有插图、漫画、视频等辅助解释。且不说洋洋洒洒的好几千字，就是找到那么合适的插图也得花费不少时间。

按理说，又要上班又要带孩子还要费尽心力维护公众号，她一定忙得不可开交，甚至连走路都应该带风，说话都要长话短说。奇怪的是，她的生活和我们好像没什么不同，下完班气定神闲地带孩子，每周还要上三节瑜伽课。

有一次，因为熬夜的缘故我的头疼病又犯了，她为我针灸时，我就问她："你又要上班，又要每天写一篇文章，还要看孩子，哪里会有那么多的时间？看你每天不慌不忙、从容有余的样子，你真的不会感到累吗？"

她笑着告诉我说："很多人都和你有一样的想法，但是我告诉你，即便如此，我还是有很多时间去放松，比如说，和老公看一场电影、约上三五好友喝个下午茶什么的。"

在接下来的对话中，我发现她之所以能够很好地去平衡自己的工作和生活，是因为她具有很强的自律能力。

她通常会利用周末的时间集中写文章，真正做到一心一意、心无旁骛，连续几个小时都不起身。这样，她就会在周末把下一周需要更新的稿子提前准备好，即使不完善，也至少得保证大体差不多。大部分工作量完成了，之后也就是配图、加视频等小事了。

年底的时候，她的自媒体已经开始创造收益，每次发文章都会给她带来不菲的收入，而且她的交际圈也越来越广，经常被邀请参加一些大型活动。她总说自己碰上了好时代，可我知道，所有的幸运都是她自律的结果。

看看她，再想想自己以及身边的人，我见过太多女性，一回到家，就任由自己变成一个静默的垃圾桶。顶着油腻的头发，穿着邋遢，吃着薯片追着剧……时间久了，你在化妆时就会懊恼地发现，不管多么昂贵的高级眼霜，都掩藏不住越来越深的鱼尾纹，不管功效多么惊人的面霜都解救不了肌肤快速衰老的状态。

而那些自律的女性，却在用每天的运动，不动声色地保持着自己由内而外的、坚韧的美。

演艺圈中流传着一种说法。能够把事业与家庭兼顾的女星里，孙俪首当其冲。夫妻恩爱，儿女成双，演一部戏火一部戏。别的女星正当红时，别说生娃，就连恋爱结婚都遮遮掩掩，生怕人气下降，地位不保。

孙俪却好像超然其外，她看似从容，不争不抢，却俨然事业家庭双丰收。不靠绯闻，没有黑料，几十年的演艺生涯，并没有诱起她内心的浮躁。

从恐惧婚姻的不婚主义者，到收获幸福的小女人；从《情深深雨蒙蒙》中伴舞的小龙套，到制作精良的大剧女主角。她的每一次进步，都离不开自律的影子。

有人采访她时问道："你的成功靠的是什么？"

她回答说："自己的成绩很大程度来自刻苦与自律，所以更珍惜每次的机会。"

她说这话我相信是真的。孙俪是少产精产的演员，虽然一两年才拍一部戏，但霸屏率超高。不管是她的台词功底，还是人物塑造，都能够挖出她自律的身影。

据说，拍《芈月传》时，剧组请专业老师辅导历史功课和古文台词，满满当当五六页纸的台词她一遍就过，以至于搭档方中信在一旁直呼"压力山大"，还说孙俪是自己见过的最厉害的女演员。

拍《那年花开月正圆》时，剧本一如既往的密密麻麻、五颜六色，据说是因为不同的颜色代表人物不同的性格层次。

为了塑造好"周莹"这个角色，为了更符合陕西女子这一人设，她还特意实地学习，向西安人请教。在戏里不顾形象地擤鼻涕、抹脚底，用茶壶对着嘴喝水，活脱脱就是一个地地道道的陕西女娃子。

三十多岁的孙俪演起少女来也是妥妥的，毫无违和感，身体的柔软度、眼神的清澈度、肌肤的紧致度，都与她的自律密不可分。

对于拍戏这件事，她对自己的要求十分苛刻，"每一部戏开机前两礼拜，我基本上不太见人，也没有外面的交往，就好好看看剧本、锻炼。从那开始，我会吃得非常素。我要以最好的状态去迎接我新的角色。"

翻看孙俪的微博，就知道她平时不熬夜，生活十分规律，基本是每天晚上 10 点睡觉，第二天早上 6 点起床，开始锻炼身体、看剧本。

看过孙俪的采访，她说自己已经坚持练瑜伽 12 年，在教练的指导下练普拉提，长痘了马上喝盐水食疗，怀孕后每天坚持食用芝麻核桃粉，拍戏化妆用热毛巾清洁毛孔，一回到住处会在第一时间卸妆。不管工作还是休息，她一直有自己的原则，“我每天都会磅秤，如果说体重超过那么一点，我就要让它马上回到那个原点。从小跳舞我就养成了这样的习惯，要是不坚持我会不自在。”

孙俪是一个活得很高级、精致的人，对内能够经营好生活，对外能够握得住事业。但不得不说的是，她的这种成就和自律是分不开的，因为有了自律，即便她不争不抢，也拥有了整个世界。

这个世界上，哪有什么不老容颜，哪有什么逆生长，那些精致的女人，只不过是自律到极致罢了。这种自律成习惯带来的美，看似漫不经心，却浑然天成，让人无法抗拒。

读书，是女人门槛最低的高贵之举

一个人读过的书，会潜移默化地改变你的气质，这种气质未必是出口成章、对答如流，而是不管身处何时何地，你的眼里自有诗情画意和碧海蓝天。当你爱上读书，就会在书的世界里，遇见最值得爱的、最美的自己。

1

有一次，我去首都图书馆借书，看到了令我动容的一幕：

一个扎着蝴蝶结的5岁左右的小女孩，在认真地挑选书籍，只见她在一排书架边停下来，抽出一本书，对看护她的中年女子奶声奶气地说："奶奶，我可以看这一本吗？"

"当然可以啦，这里的书，你喜欢看哪一本，就看哪一本。"中年女子回答。要不是小女孩叫她奶奶，我完全不会相信"奶奶"会这么年轻。眼前的中年女子略施粉黛，一袭连衣裙显得知性优雅。

听了她的话，小女孩便拿着书到一边的椅子上认真地看起来。这时，我才发现她拿的是一本《中国诗词大会》。

“那么小的孩子，她看得懂吗？”与之随行的一位大妈一脸惊讶。

“她看不看得懂不重要，重要的是我们想从小培养她读书的习惯，让她爱上读书的感觉。”

一开始我还在想，小女孩究竟是被古色古香的封面吸引了，还是被书中的插图吸引了，又或者是被书中的题目吸引呢？

听到这句话，我觉得这些都不重要了。在那一刻，我的心忽然就被触动了，像平静的湖面泛起了层层涟漪，一圈一圈地荡漾开去。

我想，一个从小便培养孩子阅读习惯的家庭，一定深深懂得读书对个人发展的重要性，他们对孩子言传身教的教育方式，也必会使孩子一生受用。

从小热爱读书的孩子，长大以后，必定是一个内心极其富足且思维足够开阔、格局一定够大的人。因为我听过这样一句话：一个人的气质里，藏着曾经读过的书、走过的路、爱过的人。

2

一叶一菩提，一书一世界。

我相信，但凡热爱读书的姑娘，必定气质如兰，知性优雅，一如董卿。

提到董卿，我觉得用“腹有诗书气自华”来形容她简直再适合不过了。随着《中国诗词大会》和《朗读者》的高分上线，董卿实力圈粉，妇孺皆知。

一直以来，我也很喜欢古典诗词，但也仅限于喜欢。自从《中国诗词大会》开播，我很惊讶董卿怎么会对诗词这么熟稔，简直就是出口成章，难道是节目组准备好的吗？但很快，我就觉得这一说法完全不成立。

想想看，即使事先准备好，要全部背下来也需要时间，何况，场上的情况瞬息万变，还要即兴发挥，谁又能做到未雨绸缪呢？这一切，我更相信是董卿平时积累的结果。

董卿的父母都毕业于复旦大学，出生于书香世家的她，耳濡目染，从小就对书爱不释手。

读中学时，她母亲每个寒暑假都给她开列书单，从中国的《红楼梦》《西游记》《史记》到外国的《钢铁是怎样炼成的》《茶花女》，她基本上做到了三五天就通读一本。

有时董卿读书实在太快，心存疑虑的母亲还会抽查，找出名著中的某一章节，让她简述故事情节或说说人物关系，她总能丝毫不差，对答如流。

“时间是有限的，我不会反复去读一本书，但唐诗宋词元曲这些除外。因为如果不反复阅读，我很难体会古人想表达的感情。”对于浩若烟海的各类书籍，董卿如是说。

出于对古典文学的喜爱，她在华东师范大学进修了中国古典文学，在她看来“古典文学是中国文化的精髓，学习古典文化就犹如站在巨人的肩膀上，在那里你可以望得更远”。

董卿在接受《环球人物》采访时说道："我一直保持每天睡觉之前一个小时的阅读，这个几乎是雷打不动的……卧室里没有电视机没有手机，没有任何电子产品，这是我的一个习惯，安安静静的看会儿书就可以睡觉了。"

她说："读书让我很快乐，假如我几天不读书，我会感觉像一个人几天不洗澡那样难受。"读书对于董卿的重要性由此可见一斑。

在我看来，书就像一把钥匙，可以开阔眼界，净化心灵，充实头脑。书也可以让女人变得聪慧、坚韧、成熟，有好的外表固然重要，但更重要的是滋润心灵。读些好书，会让女人的美丽更加久远。

女人的智慧，一半是从生活中揣摩总结出来的，另一半则来自书本。一个爱读书的女人一定会浸染上那种淡淡的书香，历久弥新，无法模仿。

3

罗曼·罗兰曾说："和书籍生活在一起，永远不会叹息。"要想做一个有主见、有内涵、充满浓郁女人味的新时代女性，读书是最好的选择。

我的闺蜜橙子就是一位在书中遇到生活的姑娘。

橙子曾告诉我说，刚来北京的时候，她手足无措，胆战心惊。房东操着一口浓郁的北京腔，说他那间只容得下一张床的房子，一个月房租要 1500 元。

看着连活动都受限的房间，以及 15 人共用面积不足 2 平方米的卫生间，橙子当时欲哭无泪，简直不敢想象以后的生活。

夜深了，从 18 层的高楼往下看，车流就像城市的血脉一样，奔腾不息。窗外灯火通明，橙子蜷缩在局促的空间里周身战栗。

她拿出包里的书，大声诵读起来。这个方法是好友教她的，如果感到害怕、伤心、迷茫，那么你就大声读书，因为那些文字会给你力量。

刚一开口，就被隔壁的人劝住，让她小点声。不能大声朗读，那我默读总可以了吧？橙子赌气，一夜看完了一本书。

心力交瘁地忍了一个月后，她重新找了间出租房，房子虽然旧了些，但是房东人挺好，而且周围环境也干净。

从此，橙子就在旧房子里安心住了下来。

房子老旧，那就贴墙纸。周末，橙子去附近的市场买了些素雅的墙纸。桌子加凳子，勉强够到房顶，一边听音乐、一边干活的橙子心里是满满的愉悦。

贴完墙纸，她又买来鲜花绿植，布置完后，房间顿时生机盎然。

很快，她又去超市买了锅碗瓢盆，开始自己做饭了。妈妈说，只有自己做饭，才算得上生活。

最后，她买了瑜伽垫，因为她发现长时间坐着工作，原本平坦的小腹已经有赘肉了。

……

对于橙子而言，上班是一种生活，下班又是另一种生活。洗菜做饭，看剧运动，听歌读书，岁月静好，我心安然。不管时间被怎么拆分，橙子依然保持着一个雷打不动的习惯，每半个月都要买一本纸质书。

在她的房间里，满满的一书架书，在每本书的封面右下角，她都会注明购买日期和购买地点。

现在的橙子事业有成，家庭和睦，不变的是她买书、读书的习惯依然。读书显然已经成为她生活中不可或缺的一部分。书架上的书是她来北京的见证，它们见证了她在北京的每一步，她的故事藏在每一本书中。

从橙子身上，我才知道罗曼·罗兰说的那句话何其正确。

我最讨厌有人在我面前说，女孩子读那么多书做什么？最终还是要回到一座平凡的城，打一份平凡的工，嫁为人妇，洗手做羹汤，相夫教子，坚持读书又有什么意义呢？

对于这一说法，杨澜已经给了漂亮的回答——她说，我想我们的坚持，是为了就算最终跌入俗世，洗尽铅华，同样的工作，却有不一样的心境；同样的家庭，却有不一样的情调；同样的后代，却有不一样的素养。

在三毛的著作里有这样一句话：读书多了，容颜自然改变，许多时候，自己可能以为许多看过的书籍都成了过眼云烟，不复记忆，其实它们已经潜藏在你的身体里，在气质里，在谈吐上，在胸襟的无涯，当然也可能显露在生活和文字里。

其实，我一直认为，不管现在是什么生活状态，阅读都是提升智慧的重要途径。特别是阅读那些出自大师之手的书籍，每一次翻阅都是与大师的对话，与智者的交流。阅读的过程就是提升自己的过程。

如《谷地半亩》中所写的："读书最好的目的在于，你会发现凭借自身阅读构建起来的小世界，能以体恤似的温柔消解自身的苦难。"

是的，不随波逐流，从容冷静，举手投足卓尔不群，这样的智慧，才能让你美到骨子里。

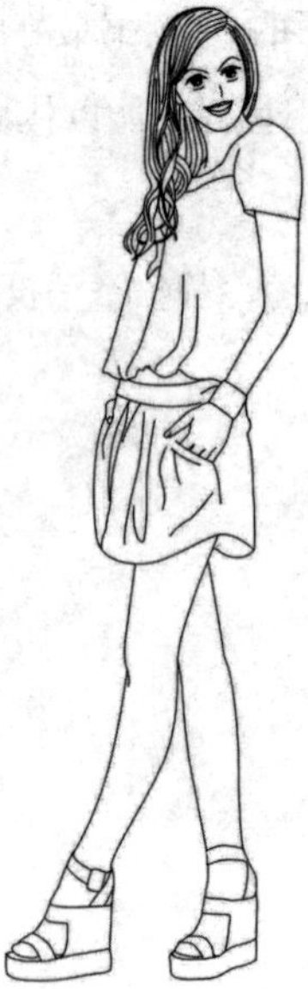

透支欲望，别做“伪精致”的傻姑娘

每一位姑娘都向往精致的生活，如果精致只是一味追逐光鲜亮丽的外表，讲究物质享受，那就成了“伪精致”。真正的精致是丰俭由人，在力所能及的范围内，为自己创造最舒适、最惬意的生活。

1

“小丽又在借钱了，这才发工资几天啊！”

“谁说不是呢？她的收入远远不够消费，不借才怪呢！”

“你看，都借钱度日了，还在朋友圈里炫耀她所谓的精致生活，真是打肿脸充胖子。没羞没臊！”

……

刚到休息时间，我就听见有人议论小丽。

打开朋友圈一看，小丽的动态最多的就是各类一线大牌的购物袋，在高级西餐厅里浅啜红酒时一脸陶醉的幸福模样，或者在哪家商场疯狂买买买，又或者在某家充满小资情调的咖啡厅看看书听音乐……

最新一条动态是2小时前，她在楼下咖啡厅喝咖啡吃甜点的一张照片，配文："岁月静好，享受生活，唯美食不可辜负。"

中午我还碰见她吃方便面，这会儿倒是玩起了小资情调。和她住一个宿舍的姑娘说，小丽平时用的护肤品都是香奈儿、雅诗兰黛等品牌，她的一个手提包就花去了将近2个月的工资。她的桌子上，单是口红就有整整十一支，不管冷色调暖色调，不管是娇兰还是迪奥，只要她看上的口红，不管多贵都要买下来。小丽最常对我们说的一句话就是"不要在最美的年纪里用最差的东西，女人就应该过精致的生活"。

因为经常购买奢侈品信用卡严重透支，她只好在每月最后一个星期，天天吃泡面，喝开水。看着小丽朋友圈的动态，想着她吃泡面时躲躲藏藏的样子，我不禁感到悲哀。

同事们议论她的话倒也不无道理，小丽这种透支欲望勉强支撑起来的精致生活，换来的不过是每月为了还款焦头烂额，为了度日低声下气地四处借钱，个中滋味，恐怕只有她自己才知晓吧！她的种种"精致生活"不是打肿脸充胖子又是什么呢？

真正的精致，绝不是跟自己赚钱能力不匹配的表面风光，而是在自己的钱包可支配的范围内，过得舒心惬意、优雅从容、吃饱穿暖；是正能量爆棚，就像随时可以引爆的小宇宙，是一种对积极生活的美好向往，它引导着我们更加努力、更加踏实、更加自律，这样的生活方式才是真正的精致。

2

马姐是一家图书公司的老板，因为业务来往较多，我和她慢慢变成了很好的朋友。别看马姐已经五十多岁了，但是她的脸上完全看不见岁月的痕迹，皮肤依旧光洁紧致，身材凹凸有型，仪态万千。

只要认识马姐的人都会说，那是一个活得很精致的女人。

但是自从得知马姐的过去后，我才知道，马姐能有今天的成绩是多么不容易。

马姐和她的老公一开始只是在一家图书公司打打杂，慢慢地，业务流程都熟悉后便开始自己创业，开了一家图书专营店。在两人的经营下，生意越来越好。不过，好日子不长久，马姐的老公有了“新欢”，上演了一出现代版的抛妻弃女。女儿三岁那年，他们离婚了。离婚后，马姐的老公很快去了别的城市，和马姐的生活再无交集。

本来红红火火的“夫妻店”，从此落在了马姐一个人肩上。那会儿，图书市场的行情不错，马姐在北京很快买了车买了房。但市场总是瞬息万变的，几年后，原本红红火火的图书市场也在大环境的影响下变得难以为继。

生意艰难时，马姐咬咬牙，忍痛割爱卖掉房子，将女儿交给老家的父母照顾，只身一人搬去阴暗潮湿的地下室居住。有了房款的周转，马姐扩充货源，到处寻找销售渠道，在她的努力下，生意很快有了起色。

马姐说，最难的那段日子，她一个人进货、发货、看店、记账，每天都累得睁不开眼睛。但即使生活如此艰难，在路过图书市场旁边的花店时，她都会买一支玫瑰花，插在阴暗潮湿、不见天日的地下室的玻璃瓶子里。

马姐告诉我，玫瑰花不是奢侈，而是她灰色阴暗日子里唯一的旖旎风景。这朵花，寄托着她对美丽人生的向往。她相信日子会好起来。

那时虽然她贫穷且忙碌，但每天都会把自己捯饬得神清气爽，即使搬货来来回回很多趟，她都不允许自己蓬头垢面。虽然是地下室，小小的屋子也被她打扮得干净整洁，甚至因为玫瑰花的点缀还有了一丝幽香。

这是一个女人关于精致的信念和坚守。

“马姐，你保持身材的秘诀是什么啊？让我取取经，你这容颜让我备受打击啊！”有一次，我忍不住问道。

“哪有什么秘诀，我这都是年轻时挣下来的，你想想，没日没夜的发货进货，肌肉肯定比你们结实。不，用你们现在流行的话说叫‘紧致’。”说完，马姐爽朗地大笑起来。

虽然，马姐告诉我这些的时候说得云淡风轻，但我知道，在那段灰暗的日子里她必定过得不容易。我完全相信，马姐的成功就是一部惊心动魄的奋斗史。即使被生活虐得遍体鳞伤，马姐依然以一颗坚韧之心，时刻坚持着对美和优雅的追求。

这才是令人肃然起敬的精致生活。

人品，比美貌更重要

人品，无关颜值，无关金钱，却是人生中最重要的底牌。有句话说得极对，喜欢一个人，多数是始于颜值，爱于才华，忠于人品。

读过一本叫《人品》的书，有一段话让我记忆犹新：

“如果一个人活得不幸福，工作不顺利，前途不光明，那一定是人品不够好，就好像银行账户里没有足够的存款为幸福生活买单一样。”

我们小区有个男青年阿海，有车有房，还有一份薪水很高的工作。他自身的条件很好，择偶的标准当然也很高。对他来说，一个女孩子能不能引起他的注意首先看的就是外貌。

小区里，总是有很多人乐于当红娘。有一次，有个熟人给他介绍了一个姑娘，这里就称她为小娜吧。

小娜明眸皓齿，身材玲珑有致，樱桃小嘴，鹅蛋脸，在谁眼里都是标准的大美女。两人见面后，双方印象都不错，于是就火速谈起了恋爱。

一开始，小娜各方面的言行举止、谈吐气度堪称得体端庄。阿海觉得这次终于找对人了。两个人恋爱不久，小娜就带着阿海见了父母。那天中午，小娜的母亲一个人在厨房择菜、洗锅、做饭，忙得不亦乐乎。

阿海见老人忙成这样，自然不好干坐着，于是就主动进厨房搭把手。可小娜却熟视无睹，还振振有词地说："不用帮忙，她一个人反而顺手一些"。

阿海看着小娜在一旁玩着电脑游戏，吃着冰淇淋，一点也不心疼自己的母亲，于是他试探性地问了句："你会做饭吗？"

"有我妈妈在，哪里用得着我做饭？"小娜头都不抬地回答。

饭做好后，小娜的妈妈又一次次地把饭菜、碗筷摆好、盛好，小娜却在一边自顾自地看电视，丝毫没有帮忙的意思。

吃完饭，阿海帮着老人收拾，小娜接着坐在电脑前打游戏。

"也许是自己家，她才这么随意吧！"阿海皱着眉头这么告诉自己，虽然，他的心里已经有了几许看不惯。

中秋节的前一天，阿海的父母来北京陪他过节，顺便也见见他的女朋友小娜。得知这一消息，小娜火速预定了熟悉的餐厅。为了讨阿海父母的欢心，小娜在饭桌上不遗余力地表现自己。可回到家，阿海的父母一脸不高兴地说："你这个女朋友在我们眼里不过关！这姑娘的人品不太好，我劝你还是重新选择吧！"

问及原因，阿海的父母给出了这样的解释。

首先，小娜订餐厅时并没有征求过阿海的意见，也没有问过他们二老的饮食习惯；

其次，赶上节前宴请高峰，饭店上菜慢不可避免，小娜却一个劲儿地催促服务员，而且态度很不友善，甚至还故意让服务员难堪；

最后，席间，小娜的手机响起，这时最明智的做法是向电话一方表明自己有事，稍后联系，如果真的有急事也可以说声抱歉离席处理，但小娜却不是这样做，她边吃边接了长达半个小时的电话，一顿饭下来，我们只能坐在一边听她喋喋不休地说着那些鸡毛蒜皮的小事。

随后，父母语重心长地对阿海说道："这看似一些无关紧要的小事，却能直接看出一个人的人品如何。"

听完父母的话，再想到小娜对她自己父母的态度，阿海果断提出了分手。

歌德曾说："外貌美只能取悦一时，内心美方能经久不衰。"一个女人，不管颜值有多高，身材有多火辣，气质有多出众，这些始终弥补不了人品上的缺失。

如果你在为人处事的态度上让人难以接受，那么就算长得再天生丽质，也会因为品行不好，而毁了自己在别人心中的好形象。

托尔斯泰曾说："人不是因为美丽而可爱，而是因为可爱而美丽。”在我看来，一个人的内在修养和品行是美的底线，丢了人品和修养，再美的皮囊，也不值得人欣赏。

姑娘，请记住一句话：美貌只能吸引别人想认识你，但真正决定两个人最终在一起的还是人品。

别让优秀的你毁于“不会说话”

女人真正的漂亮是由内而外的。于内，是她们有一颗清澈见底的心；于外，是她们将温暖藏在唇边，将美好根植在清清浅浅的岁月中。

1

不知大家有没有这种感觉，开口说话，看似简单，实则不容易，会说与不会说带来的结果大不一样。

古人早已认识到说话的重要性，所以才有“一言可以兴邦，一言也可以误国”的说法。苏秦凭三寸不烂之舌而身挂六国相印，诸葛亮靠经天纬地之言而强于百万之师。这就是会说话的最好例证。

为什么要说起这个话题呢？在我看来，对于任何一位想拥有幸福的姑娘来说，好好说话十分重要。因为，一位骂骂咧咧、口出狂言的姑娘的面目是狰狞的，幸福见到她也会绕道而行。

有次坐公交车上班，看到了一个打扮入时、妆容精致的姑娘把自己的母亲给骂哭了。

虽然姑娘的脸上化着精致的妆，但是看她脸色并不是太好，情绪有点低落。母亲手里提着一大袋子蔬菜水果。也许是想转移女儿的注意力，母亲一直和她聊着家长里短，还时不时问一句“你听说了吧？”“是不是很有意思？”

虽然母亲说得很热闹，但姑娘始终爱答不理，不发一言，连象征性的敷衍都没有。时代真是变了，我当时就想，就算对母亲的话再怎么不爱听，点点头附和几句总还是要的吧！

就在车平稳行驶的时候，旁边车道的车突然转弯，公交司机一个急刹，母亲的身体本能前倾，手上的袋子掉到了地上，土豆、橘子撒得满车都是。公交车刚刚坐满，过道里没什么人，母亲慢慢摇晃着身体去捡。

“都说不让你买那么多，这下好了吧！”看到母亲这捡一下，那捡一下，姑娘说话了，“和你一起出门，太丢人了。活了一辈子，连个菜都装不好。真有你的。”

有些乘客起身帮这个母亲捡掉落的土豆和橘子，只有那个姑娘，冷冷地看着，就连自己脚下的土豆她都没有弯腰去捡，只是将它踢到了母亲身边。

有了大家的帮忙，母亲很快回到座位上。

“你以后能不能让我省点心？不就买个菜嘛，多大点事，你都能丢人到这份上？”姑娘一边数落，一边还嫌弃地挪了挪身子。

我活了几十年，第一次听到一个十八九岁的小姑娘这样颐指气使地对待自己的母亲，而且是当着这么多人的面。我看见，老人家红着眼眶，低着头，也许她这样是为了不让大家看见她的窘态。

“是啊！多大点事，你就小题大做骂骂咧咧一路，你会不会好好说话？”在我旁边的一位中年男子实在看不下去了，说了一句。

“这是被家人宠坏了，哪能和自己的母亲这样说话？”

“是啊！真是不体谅人。”

……

“要你们多管闲事，我说我妈关你们什么事？我心情不好，谁来体谅我呢？”看到大家都针对她，她毫不客气地说。那扭曲的表情和脸上的妆容极不相称。

“你心情不好是你妈造成的吗？但我知道，你妈心情不好，就是你造成的。”刚才说话的男子又“多嘴”了。

车刚到一站，姑娘就迫不及待地下车了。看到女儿下车，母亲也下了。透过玻璃，我看见那位姑娘一脸怒容，凶神恶煞地瞪着小心翼翼的母亲。我知道，她们应该还有好几站才下车。

难道你心情不好，全世界都得陪着你哭吗？你心情不好，就有理由在难过的时候，把锋利的刀刺向你最熟悉的人，又或者杀向所有的陌生人吗？

一个不好好说话的姑娘，再怎么漂亮，都不讨人喜欢。

2

上个月我们单位因业务扩大，需要招收新员工。我有幸跟在部门经理后面，围观过一次面试。

前来面试的人，无一例外，都有高学历。还有好几位青年才俊有海外留学的经历，光是看他们的简历就足够我自惭形秽。

在众多面试者中，有一位面容姣好的姑娘突出重围，成了重点考察对象。姑娘口若悬河，能说会道，一路过关斩将，终于到了最后面试环节。

在接触一番之后，经理最终还是放弃了她。

“这是为什么？你不觉得这姑娘很优秀吗？”我很疑惑地问经理。细究之下我才知道，这位姑娘败在了一个问题上。经理问她：“为什么要离开原来的单位？”姑娘一改之前彬彬有礼的面试态度，开始滔滔不绝地吐槽极品前公司，说她的前任上司简直就是“灭绝师太”“老女人”，完全不懂生活情趣，光拿工资不干事儿，这样的公司她早就待不下去了……

她说得酣畅淋漓，经理却听着起了鸡皮疙瘩。

“难道你是怕她以后也这样说你吗？”我问道。

“在我这个未来上司面前这么说前任上司，太不明智了，即使这位姑娘很优秀，我也不能聘用她，因为她说话的方式很容易得罪人而不自知。”

私以为，作为一个女人，如果你有些许刻薄嘴欠，千万不要把它想象是幽默，那是两回事；如果你有些许口无遮拦，千万不要说那是坦率，这也是两回事，没有教养和随性更是两回事。

姑娘，幸福就在你的开口闭口间，会说话会让你迎来更多的幸福。

别拧巴，睿智的姑娘从不在烂事上纠缠

睿智的女人，她们只关注着未来的路，着眼于将来的精彩。不被爱了，不必强求；已经发生的事情，多说无益。从不纠缠不休，心中没有杂事纷扰，便是幸福。

1

君如是我们单位的老大姐，一开始我觉得有点奇怪，她怎么看起来总是一副无牵无挂、爱咋地咋地的样子，真的没有什么事情能让她在意吗？直到那天，我总算知道了答案。

一次，单位聚餐完，君如姐临时接到出版社让签合同的电话。

由于她昨晚加班太晚没休息好，于是只好叫来我当代驾。当我把车开出车位的时候，收费的大伯过来了。看了一眼停车时间，面无表情地说："停车费，30 元。"

"什么，30 元？"我一听就火了，争辩道，"不到一个小时，怎么就要 30 元？"

"就是 30 元，你交不交？"

“不交，你这叫乱收费。小心我投诉你。”我的倔脾气也上来了，想着好歹也在天子脚下，还真没人治得了你吗？

“行，不交是吧！那你等着吧！”

说完，收费大伯就离开了。离开后，我看见他就坐在治安岗亭里优哉游哉地喝茶看报纸，丝毫没有管我们的意思。

“走，给他 30 元。”一直在后面休息的君如姐发话了。

“凭什么？还讲不讲理了。这种人就该投诉，免得助长他的嚣张气焰。”想想我就气不打一处来。

“给他就是了。你想想看，即使你投诉了，他的领导过来了，我们得耽误多久呢？别拧巴了，为了 30 元耽误和出版社老师签合同的时间，是不是太不值得？和这种人没必要纠缠。”

想想也是，不就 30 元吗？虽然不情不愿，但我还是如数照给了。

签完合同，君如姐的精神明显好了很多。这次换成她开车，路上车况很好。突然间，一辆黑色奔驰轿车从旁边车道强行并线，正好挡在我们前面。君如姐立即踩刹车，车子滑行了一小段路，刚好闪开来车，凭我目测，两车之间的距离就只差个几厘米！就在我们惊魂未定的时候，奔驰车主打开车窗，朝着我们大喊大叫：

“到底会不会开车？不会开回家待着去。”

“居然还有这种人？明明是他强行并线，反倒怪我们？”我正准备反击几句，君如姐却打开车窗，微笑着对那位凶神恶煞的车主挥挥手。

事情算是过去了，但一路上我都义愤填膺，气呼呼的像只大青蛙。

“别生气了，为不相干的人影响心情太不值得。记住，这世间，有许多美好的事等你去做：读书、喝茶、赚钱、旅行，没有时间让你去浪费，去与无谓的人和事纠缠。”

2

我想起这样一个故事：

凶猛的老虎看见一条疯狗，赶紧躲开了。

小老虎不解地问：“爸爸，你敢和狮子一决雌雄，却躲避一条疯狗，多丢人啊！”

老虎问：“孩子，打败一条疯狗你觉得光荣吗？”

小老虎摇摇头。

“让疯狗咬一口倒霉不？”

小老虎点点头。

“既然如此，咱们为什么要去招惹一条疯狗呢？”

之前，昆明发生了一场悲剧。28 岁的女艺人刘洁，带未婚夫去医院看望生病的外婆。在住院部楼下遇到一名醉汉，只因不小心碰了一下，醉汉就骂骂咧咧，随即，这对情侣和醉汉理论起来。

没有想到的是，醉汉二话不说，抽出刀子冲着女孩连捅两刀，一刀心脏、一刀脾脏……醉汉仍不罢休，追着刘洁未婚夫一路砍杀，导致其未婚夫在逃命中腿部被砍三刀。原本幸福的小两口，就因为一场无谓的争执而变得家破人亡，令人悲痛万分。

也许，刘洁没遇见这名醉汉就好了；也许，不与醉汉理论就不会发生悲剧。但人生没有也许。道理何其简单，不是什么人都配做你的对手，不要与那些没有素质的人争辩，微微一笑远离他，不要让他咬到你才是最明智的做法。与其和一条疯狗争锋，还不如把时间花在更有意义的事情上。

我认识一位朋友，曾是一家矿产集团的中层管理人员，三年前公司裁员，她便“光荣”下岗了。一般情况下，老员工不应该在被裁之列，也不知是不是她得罪了什么人还是有别的原因，但总之就是被公司裁掉了。

想着自己在公司做牛做马任劳任怨多年，她气得工作也不交接，在离开公司的那天还没有任何风度地骂骂咧咧大半天：咱们走着瞧，我一定要让你们好看，别以为我是女人就好欺负。

她还真是言出必行。

离开公司后，她请来律师揪着公司不放，打官司到现在都没个了结。

想想看，偌大的一个集团，有专门的法律顾问和法务部门负责这事，即使再耗上几年也无所谓，最多就是花点钱。既然别人裁掉你，恐怕早就想好了说辞。

但她就不一样了，为了一场没有胜算的官司，只能眼看着人生的黄金年龄白白消耗在无谓的纠缠上。自己郁闷就算了，害得家里人也跟着不开心。

“说她多少次了，要放下，可她就是不听啊！这几年她什么也不做，脾气也越来越暴躁，整个一更年期提前。”一次，我和她先生见面，她先生一说到她就唉声叹气。

其实，何必纠缠好几年呢？事情既然发生了，还不如看开一点，用这些时间陪陪家人，美美容，或者重新找一份工作，哪一件不比打官司更有意义？

对于女人来说，最值得珍惜，最值得被宠爱的，是你的美好心情，是你最不该辜负的时光。如果生活里被复仇填满，在我看来这是最大的愚蠢。

第二章

每个人都是自己幸福的工匠

你所羡慕的幸福都不是靠谈“佛系”谈出来的

如果真的是老天拖了你后腿，你可以说命运无常，怕就怕你不思进取，还说自己看破人生。姑娘，如果没有高度谈佛系，一切都是空谈。

1

不知从何时起，我发现总是能看见“佛系”一词，佛系90后、佛系恋爱、佛系追星、佛系生活、佛系男子、佛系姑娘、佛系综艺等热词，强势刷屏朋友圈。

“小文，你倒是给我说说，什么叫‘佛系’啊？”实在按捺不住好奇，我问单位的同事。

“其实吧，所谓的佛系，就是指有也行，没有也行，对很多事情，都看淡看开。佛系的核心总结起来就三句话：都行，可以，没关系。”小文这个90后开始给我答疑解惑。

“这么给你说吧！佛系指的是一种生活态度和方式，是一种怎么都行、不大走心、看淡一切的活法。”同事沫沫的回答直截了当。

“哦，原来这就叫佛系，说白了就是一切随缘，与世无争呗！”我是这么理解的。

“对，就是这意思。精辟！”小文听了我的话，拍手叫好。

如果按照她们给的说法，我们部门就有这么一位 90 后的“佛系姑娘”。说心里话，对这种所谓的佛系姑娘，我实在没有好感。

小颖是单位上个月刚招聘的新人，接触一个月下来，我听她说得最多的两个字就是“随缘”。一个公司嘛，免不了各部门之间要血战一番，看看谁的业绩好，每次大家都铆足了劲努力拼业绩的时候，她都在一边说些无关痛痒的话：

“那么拼命做什么，要学会随缘嘛！”

上次，我所带领的团队业绩落后别的组两个百分点，虽然差距不是很大，但是我们组的奖金就这么泡汤了。可想而知，大家士气低落，正痛定思痛准备下月扳回这一局的时候，小颖又一脸无辜，绽放出一个人畜无害的笑脸，云淡风轻地说：“干吗这么在意，天意如此啊！”

同事大风养了好几年的小泰迪因病不治身亡，一个大老爷们在单位旁若无人地号啕大哭，那模样谁看了谁难受。也难怪，泰迪是大风在北京的“亲人”，是他孤苦无依时的依靠，是伤心难过时的慰藉，它没了，大风的难受劲可想而知。看大风哭得惊天动地，小颖貌似很不解地说：

“有必要这么伤心吗？死就死了嘛！随缘就好！”

结局可想而知，小颖在单位收获了无数白眼，当然还有大风的一顿咆哮。

也有那么几次，我旁敲侧击地对她说："有些事儿，我们还是要努力一下，很多时候，努力就能带来不一样的结果。就像上次，落下来的两个百分点，稍微加把劲，我们就赢了，不是吗？"

"嗨！有些事是老天的，有些事是自己的，老天的事，咱就别操心了，随缘就好，随缘就好。"

听得我怒火中烧，恨不得马上赶她走。

周会的时候，老板找我们几个组的领队聊天，我向老板提议将小颖调到别的组，因为我能力有限，实在心有余而力不足。老板问坐在我旁边的几个组长，大家的头都摇得像拨浪鼓似的。敢情谁也不愿意接这个"活宝"。

大家都不傻，小颖的行事风格大家都看在眼里，这种姑娘谁敢往团队里塞，如果只是拖大家的后腿也就算啦，关键是影响士气，这可是大麻烦。

想想看，本来大家像打了鸡血一般士气满满，她一句"随缘"，大家都泄了气，既然随缘，拼命不就是多余的吗？

在我们单位勉强过完试用期，实在没做出什么成绩的她被老板辞退了。但毕竟在一起工作了三个月，多少有点感情，临走的时候，我们心里都有点难受，可听到她说"没事，随缘嘛，这都是注定好的"这句话时，我们很快又释然了。

真让人哭笑不得。好好的一位姑娘，好好的青春年华，却偏偏万事随缘，不努力不上进，如果非要谈佛系也得自己有了一定的高度再说。

2

无独有偶。

前几天，我打的去出版社，和一位老师谈新书出版事宜。的士司机慈眉善目，话也很多，我和他从朝阳大悦城一直聊到天安门。

令人意外的是，司机也是张口闭口就随缘，开车也是不急不慢。

“师傅性格挺好的，一点也不急躁。”我想，这就是当下流行的“佛系司机”。

“有什么可着急的？随缘嘛！”师傅回答，“我高兴就出车，不高兴就不出车，不就是钱吗？我对赚钱没有多少欲望，主要是靠这个打发时间。”

“现在没钱可不行啊！开门就要钱。不对，现在不用开门也要钱，网购时代嘛！日常所需，人情往来，疾病疼痛不都离不开钱？”我有点诧异，他要是不出车怎么养活一家老小，毕竟要生存。

“有钱有有钱的过法，没钱有没钱的活法。钱这玩意，随缘的好！”司机呵呵一笑。总听随缘两个字，我开始有点不太习惯。

“师傅住北京哪里？”我岔开话题。

“我有七套房，租出去四套，剩下几套没租的留着自己住。住哪也不固定，看心情，想住哪住哪呗！”

“啊？！”我一听这话，明白了：难怪司机能够什么事情都随缘，能够随心所欲，人家有资本啊！

七套房？在北京。算算吧，就是再不值钱的房子加下来资产也得好几千万吧？不说房子的价值，就单说租金，恐怕养活一家老小也游刃有余。

看到了吧？很简单的道理，想随缘，你得有资本。

看到现在的“佛系”一词，我不禁想起前几年泛滥成灾的那四个字“活在当下”。现在竞争压力这么大，现实如此残酷，谁不愿意轻轻松松地过日子呢？但是，不努力真的就能轻松吗？真的就如想象的那么幸福吗？

不难发现，近几年越来越多的人开始放飞自我，比如前一段时间爆红的“世界那么大，我想去看看”的辞职信；有些人离开了拴住自己十年的铁饭碗就为横穿中国；有些人背上行囊带着孩子只为周游世界长见识……总之，怎么潇洒怎么浪。

这种不计后果的做法我一点也不赞成。大多数人兜兜转转一大圈，最后还是要回归家庭，面对柴米油盐，回到当初信誓旦旦要远离的职场，做着不喜欢的工作。

生活是该有诗和远方，但在这之前，还是先要满足眼前的苟且，是不是？

《人民日报》曾经呼吁：年轻人，没事别总躺着。现在，我想说：“姑娘，别口口声声说佛系，年轻人就该醒着拼。”

最后，我又百度了一下“佛系”一词，我觉得百度搜索里对“佛系”一词的社会评价很合我意：云淡风轻、浑不着意好不好？太好了，但必须守住一条：总得有走心的地方。处处不坚持，事事随大流，那只能是淹没于人潮、迷失掉自我。

但凡被人羡慕的成功，有谁不是拼出来的呢

每一位姑娘都要有心疼自己的能力，这世上没有绝对的公平，但付出就有收获却是真理。我们总是更容易看到别人的幸福，但旁人看似开挂的人生，都是从血路中拼出来的。

1.

我的大学同学兼闺蜜薇薇一直是我十分敬佩的一个人。

新生入学第一周，我们都忙着熟悉校园环境和布置生活的一应所需，她倒好，拿着半年的生活费，买了一张成都市地图，在最近的小商品批发市场进了一批水壶、饭盒、脸盆、衣服架等这样的生活用品，然后一个一个寝室地去卖。

“你这是干什么？小心教导处罚你。”

“好不容易考上大学，干吗做这么不起眼的工作？你可真是的。”

“我看是想钱想疯了吧！”

……

不管别人怎么说，她依然做着自己的事情。

看她每天大包小包地来回折腾也卖不出几样东西，我也忍不住劝她：“我看你还是算了吧，别到时钱没赚到，东西也砸手里。”

“没事，大不了我留着大学四年用。不试一试怎么知道行不行呢？”

结果出乎所有人的意料，她既没有被教导处处罚，也没有耽误学习，短短十天时间，她就把手上的货全部推销出去了。

“可真有你的！”说这句话是因为，她不仅收回了成本，还多赚出了两个月的生活费。同宿舍的几个人中，有人像我一样觉得薇薇很厉害，敢想敢做，也有人对她的做法不屑一顾。

“这种事儿谁不会啊？开学这当口，这些生活用品正好大家都需要，只要有人卖，就会有人要，傻子都能赚钱。”睡在我对面的姑娘站着说话不腰疼。

我当时就想，那为什么赚钱的不是你呢？

后来，每天下午上完最后一节课，薇薇又在学校旁边的学院路上摆地摊，都是一些生活所需的小物件。

“这年头，没听说谁摆摊摆出个富婆来，这种事体验一次就行了，还真以为能赚大钱？也太幼稚了吧！”睡在我对面的姑娘嘴巴依旧很厉害。

大四实习，我们都忙得不亦乐乎，一边手忙脚乱地准备论文答辩，一边像无头苍蝇似的四处投简历，眼巴巴盼着有哪家单位开开眼。

和我们的慌乱不同，此时的薇薇在大学几年的“努力奋斗”下已经小有积蓄，她毫不费力地在学校旁边租下一间铺面，开了一家货品齐全的小商店。

生意好到爆棚，单是自己肯定忙不过来，她贴出招聘广告，很快就雇了两个大一女生看店，生意做得风生水起。

由于经营有方，薇薇很快在大学城附近就有了好几家以自己的名字命名的超市连锁店。现在的薇薇在别人眼中是成功的、是风光的，但也只有我知道她在大学几年里有过多少次眼泪和血吞的片段。深夜里回宿舍的胆战心惊，风里雨里不顾高烧送货上门，被城管执法人员追得鸡飞狗跳……

而睡在我对面的姑娘，正因为上班迟到被扣了全勤奖而愤愤不平，她的朋友圈不是唠叨老公不够爱自己就是吐槽孩子的兴趣班收费高昂……

大四的时候，我问过薇薇："当初别人嘲笑你的时候，你听了不难过吗？你是怎么坚持下来的啊？"

"哈哈哈，我才不管别人怎么说呢。"薇薇笑得前仰后合，"我只要想到以后可以过得漂亮，哪里管那些无聊的人说什么无聊的话。现在我难过了一张机票可以去天涯海角哭，去埃菲尔铁塔哭，去埃及金字塔哭……她们行吗？让那些家伙羡慕嫉妒恨去吧！"

谁说不是呢？但凡被人羡慕的成功，有谁不是拼出来的呢？要想人前过得漂亮，就别太惯着自己，有些在我们看来的不可能，像薇薇一样，试一试就知道了。

只要拼命前行，就没什么高攀不起

姑娘，努力吧！我们每个人都是自己的归宿，只有拼命前行，让自己活得热气腾腾，鲜活而又不失尊严，才能活成让别人羡慕的模样。

公司对面的日本料理店开张好几个月了，一直以来我都觉得日本料理不适合我这个大大咧咧的人，所以好长时间都没光顾过。那天中午，朋友英子非得拉着我一起开洋荤，她说她是那里的常客，在那里不仅可以享用美食，还能拿到优惠。

想想也是，这都三十好几了，见识见识也好。如果真要像电视剧中那样轻手轻脚、柔柔弱弱的屈膝坐，大不了以后就不去了。反正英子是那里的常客，她总不至于让我这个对日式料理一窍不通的家伙出洋相。

到了店里，除了装潢比别的饭店更考究一些，我实在看不出有什么不一样。饭点的时间，上座率超高，完全没有空余的位置，好在英子和那里的人都认识，我们很快被带到了一间小巧别致的包间，服务员还告诉英子说，老板一会儿就来。

“这里的生意可真好。”看着大厅里座无虚席，我不禁感叹。

“附近就这一家料理店，环境优雅，收费合理，地段好，生意想不好都难。”英子回答说，“不瞒你说，这家店是我姑姑开的。”

“那你不早说。”要是知道这样的关系，我不得早早宰她几次？

不多久，英子的姑姑就进来了。坦白说，大气靓丽、打扮精致的老板娘让我眼前一亮，从她进来到出去，我的目光总是不由自主地随着她。她的举手投足，一颦一笑都恰到好处，让人觉得如沐春风，舒服又温暖。

“你姑姑好厉害啊，年纪轻轻就有这么大一家店。”我由衷赞叹。

“这算是什么，这只是我姑姑的副业，姑父还经营着好几家酒店，平时姑姑都要帮忙的！”英子轻描淡写地说，“姑姑平时除了来这里转转，帮姑父的忙以外，剩余的时间要么就是带两个娃满世界跑，要么就修身养性，享受琴棋书画。”

“真让人羡慕啊！看来，她不仅嫁得好，命更好！”想想自己每天写不完的文字，连仅有的爱好都快在琐事中消失殆尽了。

“怎么说呢，姑姑也挺不容易的。”英子叹了口气，我们一边吃饭，她一边给我讲了她姑姑的一些过去。

英子的爷爷奶奶，也就是她姑姑的父母创业发家，因为投资不谨慎，一夜之间破产了。贫贱夫妻百事哀，破产之后，父母关系失和，协议离婚。父亲为了躲避债务，走了之后就再没有回来，听说逃去了海外。母亲呢？则带着她和哥哥重新组建了家庭。

可想而知，父母的生活一团乱，哪里还有时间顾及她？

大学时期，她不仅长相出众，身材佳，连成绩都特别优异。即便有众多追求者，她也一刻都不愿懈怠，一边做家教，一边学习课程，甚至还自学了会计知识。

别人的大学都在泡吧、逛夜店、交男朋友，只有她躲在墙角认真地啃那些枯燥的专业书，不是忙着考试就是忙着赚钱。

因为成就优异，她争得了美国留学的名额。留学期间，她全心全意地爱上了一个家庭条件很不错的男孩子，但狗血的是，那个男生却背着她劈腿了。得知真相后，她质问对方为什么要这么对她，男友的回答是，“就凭你，也想高攀我，醒醒吧，我不过是和你玩玩而已”。

分手之后，整天整夜地睡不着觉，头发一掉一大把……

后来，她觉得自己不能这么颓废下去，于是打起精神，通过各个方面的努力提升自己，逼着自己做到最好，终于在跑了无数家公司之后，找到了最满意的实习工作。再后来，她的工作能力越来越强，很快就得到上司的赏识，职位和薪水水涨船高。

“我姑父就是她工作后认识的。听姑父说，他就是被姑姑身上那种‘拼命三郎’的精神给震撼了。他还说，这样的姑娘一定要娶回家好好疼才是。”英子边说边笑，“姑父舍不得姑姑一天到晚满世界到处飞，就投资开了这家店。说不求盈利，只要姑姑喜欢。你不知道他们那个腻歪劲儿，每次见到他们就是撒狗粮，看得我鸡皮疙瘩掉一地。”

“那当时说她高攀不起的那个前男友还有联系吗？”我总是哪壶不开提哪壶。

“听说迷上赌博，把家产都败光了，后来姑姑还资助过他好几次呢！现在嘛，应该没联系了吧！这种渣男，活该。”

我突然对英子的姑姑肃然起敬。

平时看到别人的成功，我们总习惯性地归咎于别人命好。好像“命运”这两个字是最令人信服的托词，是最有效的安慰剂，但所有的赢家，所有的成功真的只是因为命好吗？我看不尽然。

被自己全心全意爱着的男友说自己是高攀，这是一种怎样的心痛？不过，她用自己的努力证明了，只要拼命前行，哪有什么高攀不起？

表妹小雅前段时间大学毕业了，来到北京后和我住在一起，处于忙碌找工作的阶段。面试的机会很多，但总是屡屡受挫。

昨天我下班回家，看见她正葛优躺，在沙发上边吃薯片边玩手机。玩到一半，她突然一个鲤鱼打挺坐起来跟我说：

“我那个大学同学哦，运气好到爆，人生真的开挂了，毕业前就收到了好几封 500 强公司的 offer，你说说她怎么那么幸运，真是羡慕死我了。”

“知道羡慕也好，我就怕你麻木。不过，只是羡慕也没什么用，如果你不行动，就永远只是那个一直仰望别人成功的路人甲。”我扔下一句，不再说其他。

你看，有些人总是习惯性地隔着冷冰冰的手机和电脑屏幕，去羡慕别人的人生，却不想着如何改变自己当下的现状，让自己过得更好，这无疑是一种悲哀。

所有幸福的样子都是拼了命、尽了兴

哪有平白无故的幸福，哪有不劳而获的轻松，我从没见过一个人，轻轻松松，就活出了别人仰望的高度。唯有努力，不负光阴；唯有拼命，方能尽兴。

1

凌晨二点，同学群里，我的高中同学玉凤发了一张灰头土脸的自拍，背景是昏黄的路灯、黑蒙蒙的天和她进货的金杯车。在配图下面，她写了一行字：奔赴深圳，希望此行可以收获满满。

等到我第二天早上醒来看到她的动态时，我不禁惊叹：天啊！在我们都睡得天昏地暗时，玉凤这个弱女子已经在高速公路上疾驰如飞了，带着一壶热水、几盒方便面、几个鲜艳欲滴的红苹果远赴深圳。

我知道，为了自己的服装店能在批发市场有一席之地，她真的太拼了。别人进货都是发样品过来再确定是否补货，她愣是要亲自到货源的集散地货比三家，看谁的货品更新更潮更有卖点，愣是赶在大家的店都还没有新品之前就抢先一步大卖特卖。

我看到，有几个同学给她点赞，还有的说：这小娘们太拼了，叫我们这些大老爷们情何以堪。

玉凤回复说：不拼怎么办？谁让我以前任性，不知道好好学习呢？现在要是再不好好干活，一家老小喝西北风啊！

她的话的确有道理。原来欠的账总有一天要偿还……

玉凤当年可是我们班的女一号，文娱委员，长得漂亮，头脑聪明，属于那种不用怎么学习，哪怕临时抱抱佛脚都能考出好成绩的姑娘。

不知大家有没有和我一样的感觉，往往越是一学就会的人，偏偏就越不爱学习。

一开始，玉凤的姨妈是我们班的班主任，在她的严厉督促下，玉凤的学习还算过得去，基本保持在前十名。

后来，她的姨妈退休了，这丫头就撒了野，不仅经常逃课去网吧玩游戏还结交了社会上的一些小混混，从此整天游手好闲，追求标新立异，纹文身、染红发、涂指甲，怎么痛快怎么来，心思再也不在学习上，活脱脱一小太妹。

高中毕业，她勉勉强强地上了专科，据说也是勉强混了三年，差点儿没拿到毕业证。后来找工作，没有文凭也没有工作经验，不管干什么都不长久。一气之下，干脆向父母伸手要钱开了一家服装店。

结婚后，三年生了两个儿子，老公朝九晚五工资不多，日子勉强过得下去。后来，玉凤觉得这样下去不是长久之计，于是盘下了一家服装店，开始了自己的经营。因为她一直很用心，所以生意也越来越好，日子也慢慢好了起来。

看到玉凤长途奔波很是辛苦，我不禁想，要是读书的时候就努力点，她的生活或许又是另一番情景。现在，很多天资远远不如玉凤的同学，都过得比她不知好上多少倍。

同班的另一女生卓婷婷，读书时成绩一般，少言寡语，相貌也不怎么出众，走到哪里不管做什么都属于被遗忘的那种，副科老师甚至都不记得教过她。就是现在她也不怎么活跃，因为太忙，一年也难得在同学群里打个招呼，说几句话。

但我们都知道，她是我们同学中学历最高的，现在已经是一名出色的同声传译了，常年随着公司的大领导满世界飞，参加各种国际相关会议。听说有一次，她一下给我们学校捐赠了 100 万，用来充实图书馆。

去年同学会我们聚了一下。

“你这丫头厉害啊，不声不响就成了博士，你可是我们班的骄傲啊！”有人不无羡慕地对她说。

“嗨，你们又不是不知道我，没什么天分，全靠死用功。当年考博士的时候，每天学习到夜里一点，早上五点就起床先去院子里跑步醒神，然后看书做试卷，当时我老妈都说我每天像打了鸡血一样。”

“你这就是传说中的励志姐吧！”同学默默无比崇拜地看着她，“那么累，你怎么能让自己总是元气满满呢？牛！”

“当你拼命的时候，你会觉得有一种酣畅淋漓的感觉，这种感觉让人很尽兴。我不仅不觉得累，反而很享受！”

“我知道了，你属于自虐型人才。”默默向她伸出大拇指。

其实，她到现在也常常忙得吃不上饭，和玉凤一样，有时也会用方便面果腹。但同样吃着方便面到处跑，人生却各有不同——过着完全不同的生活，有着完全不同的格局。

有句话说：若想获得最好的收成，无论是谁，都该在最好的时光里，努力汲取阳光和水分，扎根发芽，拼命生长。唯有如此，才能不让明天辛苦奔波的你，怪罪今天虚度时光的自己。

2

我的好友冯婷也是一位“鸡血姐”。

走路带风、英姿飒爽的她现在已经是一家上市企业的商务总监。看她的朋友圈，堪称一场盛大的嘉年华。

她要么开着自己的玛莎拉蒂满中国的自驾游，要么穿着比基尼享受马尔代夫的阳光沙滩。最让我匪夷所思、大跌眼镜的一次，她居然在人迹罕见的深山老林里自给自足了一星期，还美其名曰：返璞归真，回归自然。你看看，这忙碌的工作，似乎一直和她无关。

她的生活真正做到了诗和远方。

“这怪货，怎么这么幸福，她也忒清闲了吧！”只要看她的朋友圈我都要忍不住吐槽一番。天知道，我有多羡慕。

但是，这样的结论很快就在我和她打过交道后推翻了，而且是彻底地推翻了。

北京的国贸大厦，无数大企业大公司在这里云集。冯婷所在的企业就是其中之一。那天凌晨一点因为有件事联系她，打她电话，居然还在公司，于是便开车去找她。

坦白说，我对这地方的了解仅限于每次开车路过或是听朋友说起，这还是我第一次走进这栋精致充满现代气息的楼宇。但令人震惊的，不是它有多么气派，装修有多么考究，而是凌晨一点，楼里竟然还有很多公司的灯，是通亮的。

我站在她隔壁公司的门外，隔着玻璃向里看了看，里面人头满满，大家聚精会神，各司其职。要不是我刚从外面进来，绝对不会相信这样的工作状态发生在凌晨一点。

她心急火燎地出来和我说完事情，又风风火火地忙自己的事去了。她甚至知道我是超级大路盲也不愿陪我在像迷宫一样的地下车库找到我的座驾再走。

“这个没良心的。”我骂了一句，但是我会原谅她。因为，她刚才告诉我说，有一份和跨国公司的紧急合作方案需要在十天内完成，但是她给自己定了一个期限，五天，只需要五天就得做出让对方无从挑剔的完美方案。为此，整整三天，她每天只休息五个小时，端坐在办公室里，和下属不停讨论与修改，数易其稿之后，明天上班之前她就得向董事会交出最后方案。

天亮之前，这是最后几个小时。

了解多了才知道，她这样拼命三郎的举动，早已经不是第一次。原来，朋友圈里所看到的幸福背后有这么多拼命堆积起来的时间。

是啊！我早该想到，哪有平白无故的幸福，哪有不劳而获的轻松，我从没见过一个人，轻轻松松，就活出了别人仰望的高度。

冯婷的朋友圈里有句话叫“拼了命，尽了兴”。或许这句话就是她自己的真实写照。只要拼命地努力，才能收获高配版的人生。

扔掉“玻璃心”，靠自己得偿所愿

忙时心无旁骛认真踏实，闲时琴棋书画自在随性。既能雷厉风行，又能两袖添香，这才是最好不过的生活。生活如此美好，哪有时间纠结计较，扔掉“玻璃心”，靠自己过想要的生活。

1

明天就是周末了，小敏来电话想约我带着孩子一起聚聚，我随便找了个借口便回绝了。按理说，我们认识多年，聚一聚无可厚非，也是情理之中，我没有拒绝的理由，但我实在受不了她一见面就啰里啰嗦，什么事都叨叨个没完：

老公答应好的陪我旅游，可他总是加班，加班，加个没完；

邻居家的狗在我家门口拉屎，也不知道清理一下，真烦；

我们单位那个同事看我的眼神怪怪的，也不知她是不是又在领导面前说了我什么坏话；

自从生了孩子后，我觉得老公不像以前那么疼我了，也不知是不是“七年之痒”惹的祸；

孩子的兴趣班又要缴费了，一交就上万，真是要命了；

说好的今年换大房子，可现在还不是住在50平的小一居；

……

凡此种种，不胜枚举。

其实，生活不就是这些琐事杂事吗？如果每件事情都要计较个没完，那真真有点玻璃心了。细究起来，但凡有玻璃心的人，都是因为太闲了。如果你习惯了很忙，自己的愿望不再奢望别人帮你实现，那自然没有时间和精力再为这些小事叽叽歪歪。

我很喜欢安妮宝贝说过的一句话：“要做一个内心强大的女子，碰到喜欢的东西，要自己买给自己。不可以寄希望于男人，否则会失望，或者会不珍惜。”

我觉得这句话适合我们每一个姑娘，别把时间花费在无休无止的埋怨上，想办法让自己忙起来，自己想要的，自己想做的，都要自己去实现。

我认识一个还没有结婚的女孩子，她十分渴望在北京能拥有一个属于自己的家。

她曾不止一次地对男友鹏飞说起在北京买房的事情。

有一次，女孩再次提起了“买房”的事。

“买房？在北京？”鹏飞边玩手机，边回答说，“北京的房价太贵了，咱们俩现在的工资根本没办法承担啊。再说，家里有房子，没必要再在北京买吧？”

鹏飞的话不轻不重，但是却让她心碎一地。看出了女孩的失落，鹏飞放下手机，对女孩说道：“如果真的想要在北京买房子，也得缓两年。你也不是不知道，老家刚买了房，装修又花了几十万，实在是拿不出多余的钱了。”

女孩继续沉默。

女孩对我说这些事情的时候，我看到了她眼里的失望和心里的绝望。

“我真怀疑他是不是真的爱我，我们几年的感情在他眼里算什么？他难道真的一点也没考虑过我们的未来？”

“两个人都在北京工作，在北京买房难道不是理所应当的事情吗？”

“整天说缓两年，要是两年之后还是买不起怎么办？”

“我没办法忍受了，他一点都不在乎我。”

这些问题，我无法回答。

后来，我听说，因为买房的事情，他们最终分手了。看着分秒上涨的房价，她不想给他“缓两年”的空隙，所以，她不顾鹏飞的挽留，终结了这场谈了五年的感情。

前段时间，我们约出来喝茶。

“最近过得怎么样？”我问。

“不是很好。”女孩苦涩地笑了笑，“离开他之后，我又谈了一段感情，但没两个月就分手了。他也不愿意在北京买房，更不如鹏飞那样对我好。”

“那你和鹏飞还有联系吗？”我继续问道。

“哪还有什么联系啊，分开这么久了，他应该也有新的感情了。”女孩把玩着手里的小勺子，“当初我一心认为只要买房才是真正的爱我，可经过了上一段短暂的感情，我才明白当初的自己是多么玻璃心，把‘买房’当成评判爱情的标准。”

“可你想要在北京有个家也没有什么错。”我安慰道。

“可是应该建立在彼此的经济基础上。其实，鹏飞说的没错，那个时候买房确实不是好选择。姐，我现在谁也不想依靠了，与其把希望过多地寄托在别人身上，不如靠自己，这样才不会给爱自己的人增加负担，才不会因为这些外在的问题丢失了爱情。”

“那当然了，因为靠自己得来的东西才最有底气，才最长久。”我说。

看着眼前这个姑娘，我无比地相信，经过这两段感情的洗礼，她彻底丢掉了玻璃心，相信她在遇到下一段感情时，绝不会再把“买房”当作爱自己的证据；我也无比地相信，只要她如她说得那般努力，她一定能实现自己的愿望。

有时候，越是习惯了依赖，越是把希望寄托在别人身上，就越容易丧失勇气。一旦想明白了，就会懂得，与其玻璃心地想东想西，不如抓紧时间自己努力，因为最想要的幸福，唯有自己给得起。

2

最近刷朋友圈的时候，看见大学时的好友娟子发了个定位在迪拜的动态，随之还附了一张在迪拜帆船酒店开会的照片。

除了密密麻麻的点赞，就是大家的留言：

“加油，我看好你！”

“哎妈呀，这地方的规格可真牛掰。”

“不错啊，都跑到国外开会了，厉害了我的姐姐！”

“想我中国长什么样还没看清楚呢，你都去传说中的迪拜啦！”

……

真心祝福者有之，酸溜溜的人有之，但我属于特别佩服她的那一类人，我默默在朋友圈底下点个赞，并写道：恭喜你能有今天，衷心祝福你，娟子。

在大学时，娟子是个不起眼的姑娘，她不爱与人打交道，整天抱着书，只要不见她人，不是在图书馆就是在宿舍啃书本，整个一书呆子。但是，我们都知道，她的家庭条件很不错。

大学毕业，拥有文学梦的她拉着行李箱不顾亲人的劝说只身一人去了北京，想在美丽的首都实现梦想。

刚到北京，人生地不熟，不愿花家里钱的她在朝阳区大望路附近找到一间小小的地下室住了下来，到处找与内容付费相关的工作，遗憾的是，没有人愿意给她机会，因为她大学学的不是与文学、新闻相关的专业，而是服装设计。

我也曾问过她：你明明学的服装设计，为什么不找与专业相关的工作呢？我实在不知道文学和服装有什么共通之处？

“别提了，我妈是想我学了服装设计可以给她的公司助一臂之力，也好让我将来继承祖业，但这不是我想要的。”她说得斩钉截铁。

实在找不到心仪的工作，她只好进了一家媒体公司当版面设计。

“也不错，版面设计和服装设计还有点联系，先稳定下来再说。”她这么安慰自己。

作为一个职场菜鸟，免不了受到刁难。在工作中，老板总是批评她，认为她设计的版面太 low，简直没有设计元素，一点也不符合大众审美，更别提什么与时俱进跟上时代潮流了。

最严重的一次，她哭着打电话告诉我说，做一周总结的时候，老板当着全公司员工的面，将她设计的方案重重地摔在她的脸上，她整个人都吓傻了。

散会后，所有人都走了，她才号啕大哭，哭完才默默捡起地上的设计稿。

“要不重新找份工作？”想到柔弱的她被这么虐待，我有些心疼地建议。

“不了，老板也不止一次否定我了，他说我不行，我偏行给他看。”娟子很倔强，“我知道那些同事们都在背后对我指指点点，都等着看我的笑话，我可不能玻璃心，我相信自己，一定行！”

在之后的日子里，除了加倍努力，做好手中的工作，其余的时间也被她最大化地利用，报培训班，看各地举办的设计展，总之所有的时间都被她用来研究国内外的版面设计。

与此同时，她也没忘记自己的初衷，每天她都会把看书、写文章、做总结当成消遣，她说，自己没空管别人说什么，做什么，她很忙，忙到没时间和什么人计较什么。

短短三个月后，她通过自己的努力度过了试用期，在自己的职位上做得很出色，老板对她的设计也越来越放心。

工作顺利后，她用来看书、写文章的时间慢慢多起来，就这样，她白天做设计，晚上坚持写文章，这一坚持就是好几年。

越努力越幸运。我想这句话对她来说再适合不过了。终于，她在公司脱颖而出，并慢慢独当一面，在带领团队的过程中，不断创造出优质内容，拿奖拿到手软。这还不算，今年夏天，她的新书也在各大城市热卖，赚得盆满钵满。

前几天发的在迪拜帆船酒店开会的朋友圈，正是她代表公司洽谈与海外公司合作的项目会议。

你看，只要不得闲，哪里有时间在意别人的想法是不是？我们谁也不依靠，一样可以让自己的人生风生水起，如日中天。

世界那么大，人又那么多，很多人总是习惯对别人的人生指指点点，说三道四。他们看不见你在深夜里的痛哭流涕，更看不见你为了得偿所愿所付出的血和泪的代价，但这又怎么样？你只管扔掉玻璃心，让自己忙起来，想要把日子过得不一样，靠自己永远都是真理。

必须非常努力，才能看起来毫不费力

只要一直心怀希望地去努力，你想要的，时间总会一点一点兑现给你。幸福不是一蹴而就的，别人眼中的人生赢家，人生开挂，也终究不过是厚积而薄发。

1

昨天晚上九点多，我接到一个朋友的电话，让我很受伤。

“真羡慕你，年纪轻轻就出了那么多书。你不知道，我也想吃这口饭，可我不像你那么好运气，轻轻松松一写就能变成铅字，简直像开了挂一样。”

说到这里，我话锋一转扯到别的事情上，然后匆匆挂了电话。

因为她口中的“我轻轻松松一写就能变成铅字”让我不知该怎么回答，因为我“轻松一写”就要写上百万字，不管这些字能不能被肯定，不管它们能不能被出版变成铅字……

前几日，约了几个朋友爬香山。

秋高气爽，蓝天白云，漫山红遍。本来，如此美景让我们心情大好，可是因为一位朋友临时带来个小丫头，全程叽叽喳喳说个没完，让我们兴致全无。

唠叨个没完说什么呢？不过是讲述自己的困惑和对未来的迷茫。

我归纳一下，大概的内容有这些：

第一：在单位找不到存在感，工作乏味不说，赚钱也不多。

第二：很讨厌现在的工作，想找个和自己的专业对口的工作，运气不好，找不到。

第三：每天的工作对自己来说，千篇一律，毫无意义。

第四：觉得领导很多时候是故意刁难自己，之所以这样做是因为想方设法扣自己原本就为数不多的工资；单位里的一位女同事和自己同一天上班，但轻轻松松工资就是自己的两倍。

第五：压力山大，很努力但是没有任何回报。

第六：好迷茫，好累。

最后这句话，全程下来她说了不下20遍，听得我们几个直反胃。

同行的佳佳听不下去了，毫不客气地说：

“小丫头，别在我们这些前辈面前扯什么迷茫说什么压力，说到底，你不就是懒吗？你怎么不问问自己，领导那么多人不刁难，为什么偏偏选中你？既然那么讨厌现在的工作，你大可以跳槽不干，找一份你觉得有意义的工作啊！同事的工资比你高，你怎么不看看别人是不是下班比你走得晚，加班是不是比你多……”

佳佳的嘴跟机关枪似的说个不停，还没等她说完，小丫头的脸就青一阵白一阵的下山了。

“这年头，懒惰被人包装粉饰一番就变成了迷茫。”看着小丫头离去的背影，佳佳说道。

“是啊！懒惰在他们嘴里都变得这么漂亮，完胜美颜相机。不过，美颜相机针对的是脸，他们针对的是嘴。”朋友董姐也随之说道。

“嗨，‘口吐莲花’也是一种能力嘛！”带小丫头一起来的那位朋友也阴阳怪气地附和一句。

是啊，工作不喜欢，为什么不换呢？既然选择了，又为什么不坚持呢？扪心自问，自己能坚持什么呢？为什么别人轻轻松松就超过自己，看起来毫不费力，是不是因为自己努力的还不够呢？

2

我的一位朋友方晴是成都一家广告公司的老板，从大学开始，我就没有见她闲着过。

方晴家庭条件不好，大学都是靠勤工俭学、寒暑假做兼职才勉强读完的。毕业后，她找到一家广告公司实习，后来慢慢成立了自己的工作室。

可以说她创业初期的客户，大都是大学兼职时积累下来的，那时她不仅做好了未来十年的职业生涯规划，还一步步付诸在行动上，稳扎稳打。

记得那年从北京回四川，我顺便绕道成都想找她叙叙旧。当时临近过年，单位里的同事大都请假回家了，只有她和另外两名同事坚守“战场”。然而，有一个客户临时提出要将原本确定好的广告方案重新策划，老板外地出差，另两名同事也不愿接烫手的山芋，只一个电话，她就应承下来。

和对方沟通好具体要求和细节，不眠不休，整整好几天的时间，她才将方案赶出来，对方赞不绝口。但遗憾的是，我只能在医院见到她。

“方案不是都过了吗？你怎么还这么拼命？”看到她手背上输着液，手指还敲着键盘，我没好气地责怪她。

“没办法，一天不工作，我就闲得慌。”她没心没肺地回答。

现在，她的公司越做越大，听说正准备拓展国外市场。现在的她每每回忆起当初那段玩命工作的时光，都充满感恩，她最常说的一句话就是：感谢当年的努力，成就了今天的容易。

在电视剧《我的前半生》中，唐晶是典型的女强人。

她能整天忙着开会连饭都有一顿没一顿，能在宿醉的情况下踩着高跟鞋上班，能在发高烧时打点滴在家里开工作会议，甚至能为一单生意不惜和男朋友翻脸……

在职场上，她能不动声色地搞定一切，可谓风生水起。用贺涵的话说，“她一路走来太拼了，是付出了太多努力才能看起来毫不费力。”

你看，哪有例外。

别人看似漫不经心、轻轻松松的成功我们不必顶礼膜拜，因为那些看起来的毫不费力，背后都是说不出的艰辛和努力。只要我们也那样做了，也可以活出自己的精彩。

第三章

所有毁不掉你的，都将让你坚强

•••

坚强如你，在寂寞的岁月里独自等花开

真正的坚强，是劫后余生的成长，是痛定思痛的悲壮。要想生活继续，必须戒掉软弱，抛弃泪水。风雨后的彩虹是战胜挫折的礼物，任何值得拥有的东西，都值得等待。

最近我一直在看《铿锵玫瑰：居里夫人的故事》这部作品。书中，居里夫人成了勇敢与优雅的化身，打破了舞台上哈姆雷特的宣言："女人啊，你的名字是软弱。"

乍一看到这句话时，我心里一惊，不禁愕然。在你追我赶、变幻无常的世界里，太多的艰难、不幸，都需要女人自己去承担，想想看：你若不勇敢，拿什么来为自己挡风遮雨？

西蒙·波伏娃说过："女人不是生而为女人，而是变成女人的。"女人要美丽，要优雅，这是女人内心的一种渴望；同样，女人也可以让自己变得勇敢，变得坚强。风雨来袭时，像男人一样奔跑，带领自己穿越厄运的海洋，该坚强的时候，纵使咬紧牙关，也要挺过去。

同学周倩打来电话，说自己的少儿培训学校，要开分校了，除了最初的绘画，还拓展了外语和书法部分，知道我认识的人多，想让我帮着联系看有没有合适的老师。

挂了电话，除了替她高兴，还感到欣慰，她现在俨然已经蜕变成了一个事业型女强人了，谁能想到就在两年前，她还是一个因为意外事故失去丈夫而几乎沦落成祥林嫂一样的弱女子。

她和丈夫永强都是我们班的同学，也是我们班唯一一对处到最后成功结婚的。婚礼那天，凡是能联系上的同学几乎都去了。婚礼现场，新郎牵着新娘走过红地毯，欢乐幸福的场景仿佛就在昨天。

但如今已经物是人非！

听同学们反馈的消息：周倩的情况非常不好，消瘦枯槁，神情涣散。见到同学除了痛哭就是发呆！

我想过段时间会好一点吧！毕竟刚经历失去丈夫这么大的打击，伤口总需要时间去平复。可是等我过了将近一年的时间有机会去看她的时候，我还是吃了一惊！

这个坐在我面前的人是我印象中朝气蓬勃、靓丽优雅的周倩吗？这还是那个在湖边支着画夹写生的文艺女青年吗？还是那个终日言笑晏晏忙着跳芭蕾、学钢琴的姑娘吗……

眼前的她，穿着皱皱巴巴的褪了颜色的衣裳，挪动着肥胖的身躯费劲地坐在椅子上。浮肿的脸未施任何粉黛，松弛的眼袋、明晃晃的“熊猫眼”、憔悴的脸色都告诉我她昨晚一定休息得不好。

她面无表情，似乎一脸不情愿地对我说，如果不是我大老远地来看她，她是不会出门的。从她口中我得知，永强去世后，孩子便丢给了爷爷奶奶。平日里，她就把自己封闭起来，大门不出二门不迈。一开始，期望通过吃来缓解自己的悲伤，时间一久，她发现自己根本停不下来，越吃越多，越吃越胖，慢慢就变成现在这个样子。

草草吃完饭后，我跟她聊了很多。

谈话的内容没什么新鲜的，无非是鼓励她要振作起来，好好生活。可临近分别时，她眼神空洞，自言自语一般絮絮叨叨地说着：为什么是我！为什么是我……看着她这种状态，我知道她根本还没有走出来……

之后，我一直记挂着这位老同学，想起来她的境况也真是揪心。但是，人就是这样，你自己不愿走出来，自己不愿意觉醒，就算别人再怎么劝你，也不过是耳旁风，我期待她早日走出生活中这些灰色地带。

令人欣慰的是，后来再联系时，我终于能从她在微信上的只言片语看出了她重新燃起的希望：

参加了一个公益义卖活动，跟别的妈妈一起在家做一些布艺，拍卖然后捐款出去；

微信发起了一个每周强迫自己去见一个朋友的活动，跟朋友喝一杯咖啡，听朋友聊聊自己的工作，强迫自己不要与世界脱节；

当然，最多的动态就是每天的健身打卡……

有一次，我在她健身的微信下点了赞，并写了句：“看到你现在这样子，真替你高兴。”其实我内心真正的声音是：永强在天上看到你这样也会替你高兴的。考虑到这样会勾起她的回忆，只好换了种说法。

没过多久，她主动联系我，告诉我说，自己终于真正走出来了。之所以选择不放任自流，这一切都因为自己的儿子：

儿子幼儿园毕业要举行毕业典礼，要求爸爸或妈妈参加，她木然地答应之后，发现自己现在肥胖的身躯已经穿不了之前的任何衣服。就在自己纠结穿哪件衣服的时候，儿子童言无忌：“妈妈，你不如别的妈妈漂亮，你不要去，我想要爸爸去，爸爸出差什么时候回来，我要爸爸去……”

听到这几句话的周倩仿佛万箭穿心，看着镜子里邋里邋遢的自己，她不禁质问：为什么把自己搞成现在这个样子？连儿子都嫌弃。不仅忽视了自己，忽视了职业，更忽视了身边最爱的人。儿子都要幼儿园毕业了，自己又关心过几分？是，没错，是命运让孩子没有了爸爸，可是，又是谁让孩子过上了没爹看起来又没妈的日子……

“从那之后，我告诉自己，必须要跟过去说再见了，自己不仅要当好妈妈，还要担负起爸爸的责任，我要让永强在天上看到我和孩子都过得很幸福！我想这一定也是他的心愿。”

很庆幸，周倩能及时幡然醒悟，及早完成了涅槃重生。在我看来，一个人只要自己坚定信念，那么，再难的事情都会为他让步，蜕变只是时间的问题。

一如周倩。

思想转变过来后，她决定要让自己和儿子的生活过得更好，于是便萌生了办少儿培训班的念头。最初没有场地，她就在家里腾出两间屋子开设了幼儿绘画班，同时开设了小食堂。从那之后，她将自己全部的心血倾注在上面：

为了让来学习的孩子们吃得可口，她买了菜谱，挖空心思变着花样地做美食。从微信动态来看，她上传的面食糕点，或栩栩如生活灵活现，或搭配讲究色彩纷呈，凡是看过她作品的宝宝妈妈们无不拍手称奇，觉得有些食物的精美程度更像是精美绝伦的艺术品。

为了孩子们对美术产生浓厚的兴趣，她不像别的培训班那样只是照葫芦画瓢，一味地照本宣科，而是寓教于学，寓学以乐，让孩子们在游戏中学会画画就是她最得意的教学方式，以至于后来被很多培训班效仿。

……

口碑就这样慢慢打开了，前来报名的孩子越来越多，规模也随之越来越大。

“看着孩子们开心的笑脸，我比什么都高兴。等过了元旦节，我的新校区就开始营业了，到时你可一定要来啊！”听得出来，她的语气里都是骄傲。

看到越来越意气风发的周倩，我不禁想起黄桐在《人生总要慢慢熬》中的那句话：当生命的考验来袭，如果我们不转身逃避，而坦然接受，那么，我们将可以成为一个更坚强的人。当其他考验再度降临，我们会惊讶地发现自己不再“大惊小怪”，而是能以更成熟的方式，勇敢地向挫折下战帖。

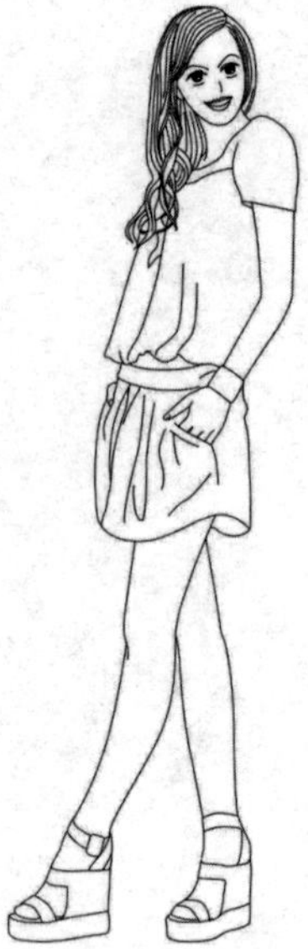

别沉迷，不要做一个在黑暗里待得太久的姑娘

一个人，如果一辈子走不出阴影，那么伴随他一生的就是噩梦，谁的心遮住了阳光，阴影便和谁狭路相逢。最使人痛苦的不是生活不幸，而是希望破灭；最使人绝望的不是挫折的打击，而是心灵的死亡。

1

昨天晚上陪女儿看科普片，片子中有一段内容给我很大的触动：

世界上有一种鱼，叫仙胎鱼。仙胎鱼在水中游动的时候异常灵敏，再加上身体透明，因此在水中极难辨认。外行人想捕捉仙胎鱼，那简直像摘星一般难。但即便如此，反应灵敏的仙胎鱼，却被内行的渔夫大量捕捉。难道渔夫有什么锦囊妙计不成？我满心疑惑，饶有兴致地接着往下看。

其实，渔夫捕捉仙胎鱼的方法很简单，只要两个人各划一只木

筏，在河中央相对拉开距离，再用一根粗麻绳贴着水面系在两只木筏中间。然后，两人同时划着木筏，缓缓往岸上靠。而在岸上等着的渔夫一见木筏快靠岸了，便纷纷拿起渔网，到岸边就能轻而易举、毫不费力地捞起仙胎鱼。

看到这里，你一定和我一样奇怪：为什么只用一根贴在水面上的绳子就能把鱼赶到岸边呢？这不是太奇怪了吗？

原来，仙胎鱼有一个致命的弱点：只要一有影子投入水中，它们是宁死也不敢靠近的。水中一根绳子的阴影，竟把仙胎鱼赶进了死胡同，以至于被渔夫捉住命丧黄泉。

仙胎鱼常常把自己逼进死胡同，人又何尝不是呢？

每个人的过去，都沉淀着一些让我们痛苦的经历，让我们为之纠缠，为之念念不忘，空耗着青春与生命。如果一见到阴影就胆怯、退缩，那么，即使一抹小小的阴影，也会堵死人生的所有出路。

前一段时间，好友晓芸经历了人生中的一场“浩劫”：

一段原本奔着结婚去的感情，被男友无情地宣告结束，毅然决然。感情的失败让她顿时对生活失去了希望，她觉得自己真是天底下最倒霉的人了。

然而，就在自己万念俱灰的时候，一个失去联系已久的朋友，突然漂洋过海来看她，而且还给她带来一个消息：自己要结婚了，而且希望晓芸可以做她的伴娘。

按理说，晓芸刚失恋，朋友告诉她要结婚的消息实在有些不妥。但朋友一脸幸福的样子，非但没有让她触景伤情，加重她的凄凉感，反倒把她从阴霾中拉了出来。

事情还得从前年说起。

两年前，她这位朋友的老公婚内出轨，不仅离了婚，连房产、车子都不知什么时候被前夫转移变卖了，更可恨的是，家里的存款也被席卷一空。不难想象，一个付出了所有热情与爱的女人，面对此情此景是怎样的一种绝望。

“人渣、畜生！咱们找律师打官司告死他，让他把属于你的一切都乖乖给你吐出来。”有朋友这样劝她。

按理说，打这样的离婚官司一点也不难，收回属于自己的财产只是时间的问题。但不管别人怎么为她打抱不平，她始终不为所动，最后悄无声息地离开了众人的视线。没有人知道她去了哪里，又在做什么？

晓芸也曾打听过她的消息，却都没有结果。谁想到，两年后，朋友竟会奇迹般地出现在自己面前，而且还告诉自己准备结婚的消息。

一番叙旧之后，晓芸得知朋友不仅即将结婚，而且还拿到了MBA 学位，现在在一家世界 500 强公司担任市场总监。

看朋友满面春风、幸福满满的小女人样，晓芸心底重重的阴霾不知怎的就一下子烟消云散了。

“说了半天，你到底愿不愿意当我的伴娘啊？我可是很着急的啊，你不答应我还得找下家呢！”

“去，一定去。不过，我可没钱，一应开支得你承担，还有，去国外的手续我也不懂，这些我可都不管呵。”晓芸知道，自己不会再沉迷过去了。

她的人生应该有一个全新的开始。

整个谈话过程，她对自己的遭遇只字未提，比起朋友前些年的局面，她的情况好的何止一星半点。她突然就想起朋友曾经一边流泪一边握着她的手说过的话：

“晓芸，你知道吗？当你走到了悬崖边，只要不跳下去，不管往哪个方向走，都有生的可能。”

“是啊！总是沉迷过去有什么未来可言，我能做的，就是尽快走出阴影，开始自己的新生活，谁说一个人就不能过得精彩？”一次聊天的时候，晓芸拍着桌子豪情万丈地告诉我。

2

很多时候，事情既然已经无法挽回，怨恨谁都于事无补，那么真正能救赎自己的，唯有坚强。如果你不坚强，谁又能替你勇敢呢？

从学生时代，我就很喜欢诗人海子。

当第一次看到他写的那句“我有一所房子，面朝大海，春暖花开”这一绝妙诗句的时候，我整个人都被惊艳到了。在我看来，他简直就是天才诗人，却选择了卧轨自杀。究其原因，他就是只看到了社会的阴影，放大了阴暗，所以，选择把自己与这个世界隔离开来，郁郁寡欢，最终，上演了一出卧轨自杀的悲剧。

生活的快乐与悲伤，一直都源于我们的内心。其实，只要你学会坚强，慢慢找准一个方向，一步步向前，摆脱阴影，又何愁不会别有洞天?

刚到北京的时候，我认识一位房东的女儿妮妮，因为疾病，妮妮左脸局部麻痹，嘴角畸形。很遗憾，这样的小姑娘注定与美丽无缘。如果说，相貌丑陋也就罢了，关键是她还有一只耳朵失聪。

妮妮讲话时不仅嘴巴总是歪向一边，而且还有口吃。为了矫正自己口吃的毛病，她一遍一遍地大声朗读，练习发音。

妈妈看到女儿的嘴巴和舌头都因为练习而磨破了，不止一次地将小姑娘搂在怀里，流着眼泪心疼地说："不要练了，不要练了，妈妈不嫌弃你，我照顾妮妮一辈子。"

那情景我看一次，难受一次。

"妈妈，您对我说过，每一只漂亮的蝴蝶，都是在经过痛苦的抗争、冲破了茧的束缚之后才变成的。我就是要变成一只美丽的蝴蝶。妈妈，你要支持我哦！"妮妮一边给妈妈擦眼泪，一边逗妈妈开心。

说这几句话，对妮妮来说，并不容易。

经过日复一日的苦练，妮妮终于能够流利地和周围人交流了。由于她的勤奋和善良，在中学毕业时，倔强的妮妮不仅是海淀区的三好学生，还赢得了同学们的敬佩。

这么多年过去了，我不知道妮妮现在在哪里，在做什么，但我相信她一定能游刃有余地面对生活中的各种不如意。因为她悄悄对我说过一句话：

“姐姐，天最黑的时候也就是天快亮的时候。我不喜欢黑暗，我喜欢太阳升起的时候，所以我不要做在黑暗里待得太久的姑娘。”

你们简直不知道，听她说完这句话我有多震撼。命运带给她的阴影那么大，但小小的她却一直向着光明。

生活的路上，从来都不缺少未知的惊险与坎坷。任何一位姑娘都难以预料未来的某天自己会经受怎样的磨难，体会何种的生活滋味。但不管怎样，请永远保持一颗坚强不服输的心。

著名主持人马丁曾经说过：“财富不是看你获得了多少，拥有了多少，而是看你经历了什么，用什么样的姿态去面对自己的前路。”

许多经历，在当时的那一刻看来，对你而言，是毁灭性的打击，是天塌地陷般的灾难；可是，咬着牙走过了，再回首时，却会发现那才是人生最宝贵的一段时光。因为，是它让你的灵魂变得坚韧，让你的人生变得丰盈而又富足。

优等的心不必华丽，但必须有一颗坚固的心脏

人的心，越撑越坚强。要强的姑娘流泪也带笑，不管多难过，始终都坚信，幸福就在不远的地方。只要坚持住，你就会看见最坚强的自己。

1

在一次东方卫视的联欢晚会上，张柏芝一袭白裙惊艳众人，也让我着实艳羡了一番。在感叹岁月不曾在她脸上留下沧桑痕迹的同时，也佩服她即使面临人生的重大变故，依然坦然。

这么多年，张柏芝不管是演艺事业还是情感生活都可以说是一波三折，但不管外人如何评判她的过去，她的婚姻，尤其是她当了两个孩子的妈妈以后，我只看到两个字：坚强。

曾看过两张照片：一张照片里，她一手抱着小儿子，一手牵着大儿子；另一张照片是她工作累到吃饭都睡着的情景，让人看了不胜唏嘘。

张柏芝和谢霆锋曾签过协议，协议说：如果有一天分手，孩子

都归张柏芝。有些事就是那么巧，当这一天真的来临，她就真的一人扛下了两个儿子。在一个人撑起整个家的日子里，她一直不忘奋力向前。她坚持拍戏，努力赚钱，还尽自己所能地抽出时间陪孩子们。

曾有段时间张柏芝一连接下了五部戏，她每天忙得连轴转。有消息说，在拍《杨门女将》时，张柏芝还曾不慎从马上摔下来，脸部、颈部、肩膀都有一定程度的擦伤，虽然被告知要好好休息，但重压之下的她只是简单处理一下之后，就回到剧组继续拍戏。

“为什么要那么拼命呢？想必你挣的钱已经够生活了吧？”有人问。

“钱我有，但我有两个儿子要养。几千万对我来说，一点儿也不算多。不拼命怎么能给孩子最好的生活？”张柏芝回答的毅然决然。

是啊！只有努力才能给孩子更好的，才能把孩子留在身边，才能霸气地回应：两个孩子是我养大的。

2

我们常说，漫漫人生路，有坦途，也会有坎坷；有阳光明媚，也会有风雨交加。在向人生目标迈进的过程中，我们不仅需要练就在顺境里从容不迫的心态，更需要练就在逆境里坚韧不拔的精神。

在我看来，我的好友栀子堪称这样的榜样。

栀子是我工作中认识的朋友。坦白说，第一次见到她，我着实吓了一跳。因为她是坐在轮椅上和我见面的，坐在轮椅上的她相貌平平，裤管空荡荡的。我实在想象不出，就是眼前这位双腿残疾、貌不惊人的姑娘先后翻译数十万字的英语小说，在北京图书界的名头响当当。

惊讶过后，我礼貌地和她打了招呼。可能是看到我吃惊的表情，聊过工作之后，她主动向我说起了她的过往。

原来，她在不到 4 岁时就不幸患了一种叫脊髓血管瘤的疾病，从此失去了走路的能力；她曾先后出入过手术室四次，且每次都是大手术。

“天哪！四次？”我简直惊呆了。在我看来，手术室是让人最无助、最绝望的地方，因为我也进过手术室，一次是阑尾炎，一次是剖腹产。

“是的，四次。”栀子很清楚地回答我，“当我第四次被推进手术室里，无影灯照在我脸上时，我心里真是太绝望了。你完全不能想象，看着别人正常上学、跳格子、跳皮筋，而我只能坐轮椅度日的悲凉。”

“虽然我不能感同身受，但我知道，要接受这一切一定很难！”我不知说什么好，只不痛不痒地回应一句。

“有什么难的。刚开始不能接受，慢慢就好了，残疾了就残疾吧。”栀子很大度地笑着告诉我。就是这一笑，让我和她的距离慢慢拉近。

改变不了现实，她只好以一颗平和的心接受了这个不健全的身体。

到了上学的年龄，别的孩子都背上书包走进学校，但因为没有双腿的缘故，没有学校肯接纳她。栀子并没有就此放弃，于是就在舅妈的鼓励下开始自学。

“我爸爸妈妈没有文化，我们家只有舅妈是高中毕业，所以舅妈算是我的启蒙老师了。”栀子说到舅妈的时候，我看到她的眼角都是浅浅的笑意。

“你不知道，有一次我实在忍不住，就推着轮椅偷偷趴在村子学校里的教室外偷听，刚好赶上下课，那些熊孩子围着我像看怪物一样。”

没有铃声、没有黑板、没有讲台、没有同学、没有考试……但就是在这样的环境中，她自学成才。我无法体会她是怎样一步一步走到今天，也不知道学途如此艰辛，她是如何一天一天坚持着汲取知识的养分。

“我简直不敢想象，你现在的一切都是怎么做到的？”因为她所取得的成绩，在我看来即使很多四肢健全的人都未必能做到。就像我不喜欢英语，以至于不好好学习，到现在有需要的时候，我只能找她做外援。

“要说怎么做到的，我也说不好，坚持坚持就成了现在的样子，可能我的心脏比别人更坚固吧！因为没什么能打倒我！”优雅地端起手中的咖啡，栀子始终带着微笑。

听完她的话感慨颇多，平时在励志书里才能看到的话今天从别人嘴里说出来，感觉大不相同。

有人说，一个人幸福与否，拼的就是坚强。因为你吃的苦，你受的累，你流的汗，都会练就一个独一无二、成熟坚强的你。

这句话我与每一位姑娘共勉。

人不能总陷在痛苦的泥潭里

这世上，从来都不会无路可走。每一个坚强的姑娘，用最大的努力去对抗命运的不公，以自己的方式适应生活，创造幸福。

前几天，先生去书店带回一本名为《用微笑把痛苦埋葬》的书给我。乍一看这名字，说实话，我真没有看下去的欲望。太普通的书名，太老套的题材，丝毫也没能吸引我。但是，当我准备将书束之高阁的时候，看到这本书的作者竟然是伊莉莎白·康黎，那一刻我后悔了。

在大学期间，我在学校图书馆看过很多她的作品。从她零星的自述中，我知道了她的一些经历。

第二次世界大战期间，在庆祝盟军于北非获胜的那一天，伊莉莎白·康黎突然收到了国际部的一份电报，电报的内容对她来说是毁灭性的：她的独生子在战场上牺牲了。

我也是一名母亲，我能想象那种锥心之痛。

那是她最爱的儿子，是她唯一的亲人，换句话说，儿子就是她的命。她无法接受这个突如其来的残酷事实，精神接近崩溃。失去儿子的她心灰意冷，痛不欲生，万念俱灰之下，她决定放弃工作，远离家乡，然后默默地了此余生。

可是，就在她整理行装准备出发的时候，忽然发现了一封几年前的信，那是她儿子在到达前线后写给她的。信上写道："请妈妈放心，我永远不会忘记你对我的教导，不论在哪里，也不论遇到什么灾难，都要勇敢地面对生活，像真正的男子汉那样，用微笑承受一切不幸和痛苦。我永远以你为榜样，永远记着你的微笑。"

她含着热泪，把这封信拿在手里，读了一遍又一遍，在这个过程中，她似乎看到儿子就在身边，用那双炽热的眼睛望着她，关切地问："亲爱的妈妈，你为什么不照你教导我的那样去做呢？"

如果说，她的生命得到重生，那么这封信功不可没。

在这之后，伊莉莎白·康黎打消了背井离乡的念头，一再对自己说："我要坚强。给自己一个微笑，继续顽强地生活下去。既然不能让我的儿子起死回生，那就让我替他也为自己好好过完余生。"

重新振作起来的康黎慢慢走出丧子之痛，并学着用文字记录生活。这之后，她写出很多有影响的作品，先生带给我的这本《用微笑将痛苦埋葬》也是其中之一。

很遗憾，我现在才有幸看到这本书。

其实，我挺佩服康黎的，她面对厄运的态度我自叹弗如。她曾写过这样一段话让我记忆犹新：

“人，不能陷在痛苦的泥潭里不能自拔。遇到可能改变的现实，我们要向最好处努力；遇到不可能改变的现实，不管让人多么痛苦，我们都要勇敢地面对，用微笑把痛苦埋葬。有时候，生比死需要更大的勇气与魄力。”

是啊！生活中，恐怕每个人都会或多或少地面对坎坷和不如意。但是，只要坚强，每个人都可以接受它，越过它。

熬过深夜痛哭，天亮依然铿锵如故

熬过深夜痛哭，天亮依然铿锵如故。明媚的阳光里，应该有一个全新的你。愿你是披荆斩棘的女英雄，也是被世界疼爱的小公主。

1

去年回老家的时候，偶然遇到多年未见的高中同学芙蓉。

我眼前的芙蓉又黑又瘦，虽然看上去比实际年龄老了许多，但双眼依然有神。她很沉默地坐在我对面，若有所思，闷闷不乐。

在我的印象中，芙蓉性格爽朗，高兴时就像个孩子似的哈哈大笑，不开心时也能神经质似的哇哇大哭。

我们没有联系的日子里，到底发生了什么，令她变化如此之大。

一番闲聊后，才得知：几年前，她在成都与朋友合伙开了一家美容院，本来生意就不好，朋友还趁她不在店里的几天偷偷将店转让给别人，这一下，不仅血本无归，还让她负债累累。屋漏偏逢连夜雨。老公在跑长途车的途中出了车祸，因为疲劳驾驶，老公承担了事故的全部责任。家里出事后，她的生活天翻地覆。不仅要还债，还要交昂贵的医药费，再加上有两个年幼的儿子要管，诸多压力，像一座大山压得她喘不过气。

“没想到，你竟然要承受这么多？真是太不易了。”我也不知说什么好，因为再多的安慰听起来都是那么苍白无力。

“你不知道，前几年我几乎每天晚上都哭，曾多少回，我都希望睡着后便不要醒来。”她无奈地苦笑一声告诉我。

“也是，谁能一下子受得了这么多打击呢？”我表示理解。

“嗨！没事，你看我现在不挺好的吗？”一下子，我又看到了她曾经爽朗的影子，“晚上哭，哭给自己，天亮后我又得马不停蹄地上班挣钱，为了不足以独立的孩子，为了病床上的老公，为了自己以后的生活，我得坚强啊！我真庆幸我没有睡着醒不来。”

说到这里，她眼角满满的都是笑意。

人生总是有太多黑暗时刻，泥石流一般汹涌澎湃地扑过来，让你躲不掉，让你满心苦，让你寒彻骨。

我突然想起这两天很流行的一句话：在这个社会上，谁不是一边不想活了，一边努力活着。

超市里，我亲眼看见在收银台下睡着一个小男孩。妈妈是收银员，放学后没有人帮忙带孩子就只好带到超市，为了不打扰妈妈上班，他躲在收银台下悄悄睡着了；

公司楼梯间里，保洁阿姨只能困得在冰冷的地面上打盹儿；

那天因为赶一篇稿子，下班有点晚，虽说晚上九、十点了，但拥挤不堪的地铁很容易让人忘记时间。在地铁的最后一节车厢我无意看到一个泪流满面的姑娘，眼泪像断线的珠子顺着清秀的脸庞不停滑落。那一刻，我突然就心疼了，很想给她一个拥抱。但我没这么做，只是默默希望她开心，希望她熬过今天晚上的痛哭，天亮可以铿锵如故。

2

表妹英子最近比较烦，因为她的研究生考试成绩出来了，很不错，总成绩和专业课成绩都遥遥领先，唯独英语差一分没上线，残酷的事实是：就是这一分把她挡在了梦想门外。

“姐，我天生就不是学英语的料，我试过各种办法提高英语成绩，但还是失败了。”很晚了，英子打电话给我，听得出来，电话那头的她明显带着哭腔。

“那你想怎么办？要不你放弃考研吧！这样就轻松了啊！”我知道，安慰是最没用的，还不如反其道而行。

“我的专业课一直都很好，而且自己一直想做学术研究，如果因为英语就放弃的话，我不甘心。”

“不甘心就再去试试吧，办法总比困难多，何况差的也不是很多。”我鼓励她。其实，我说得轻描淡写，但天知道我有多心疼她的努力，遗憾她的结局。

第二天醒来的第一件事，就是打电话给她，因为昨晚哭得泣不成声，我想知道她现在怎么样了？

“姐，你放心吧！”回答我的声音脆生有力，“我现在正在向同学取经，下次考试我一定过。”

不待我回复，那边匆匆挂了电话。

当然，并不是因为听了我的话她才如此满血复活，而是因为她心有不甘，她没有拼尽全力，所以还不想放弃。

我很高兴，昨晚那个哭得稀里哗啦的姑娘，在太阳出来的时候，已经变成了一个坚强的、全新的自己。

现实就是这样，它不会惯着任何人，只会用最粗暴、最残忍的方式告诉你，差了就是差了，哪怕差一分你都会被淘汰出局。既然哭于事无补，那就赶紧振作起来。

生活在红尘俗世的我们，今夜，也许你还会被难过和脆弱击倒，也还是会抑制不住地流泪痛哭，但这不要紧，只要此刻，阳光下的你斗志尚存，意志不垮，调整好心态，你就还是人生赢家。

第四章

真爱无须讨好，只须成全自己

姑娘，你的世界不止有爱情

有爱情的生活是幸福的，为爱情而生活是愚蠢的。女人总是喜欢为爱情自我牺牲，却不知道等她牺牲到只剩下爱情时，也是爱情离开她的时候。记住，聪明的姑娘从不把爱情当成自己生命的全部。

“都说，恋爱中的女人智商为零，这句话可一点儿都不假。”周末和朋友小聚，落梅浅啜红酒，幽幽地说出一句。

“怎么了？没头没脑地说这做什么？”我很好奇。

“昨天我楼上的一姑娘因为和男友分手割腕自杀了，听说血流了一浴缸，还不知道能不能抢救回来呢！”落梅说完，一个劲地摇头，直叹可惜。

“要我说，有的男人啊根本不值得你对他那么好。”闺蜜燕子说，“有位妻子为了老公吃了 15 年的避孕药，后来得了乳腺癌。让人寒心的是，老公存款几百万却不愿掏出来给她治疗。还振振有词地说，现在的一个重疾至少都需要花 50 万治疗费，用这 50 万娶一个年轻漂亮的老婆回来一点问题都没有！你们听听，这都是什么鬼逻辑。”

听了她们的话，我只感觉后背发凉。都说女人是天生的情感动物，一旦陷入爱情，常常迷失了自我，为男人做傻事的例子更是数也数不清。

说到这里，让我想起我原单位的一个叫小丫的姑娘。

小丫工作能力很强，她心气很高，每天下班之后还要去学习，备考会计证。但就在她忙得连轴转的时候，相处了五年的男友却趁她无暇分身之时和其他女人单独出游好几次。

小丫做事向来有条不紊、风风火火，但知道这件事情后她方寸大乱。

她将单位尚未赶完的报告放在一边，竞选部门经理的事情也好像与她无关，会计资格证的事情也抛诸脑后，那她做什么呢？天天抱着电话和男友吵架。

一开始，男友还敷衍地安慰她一下，但是到后来连电话也不接了，最后干脆直接关机，玩起了人间蒸发。

“好，你敢不接我的电话，那我就一直打，打到你接为止！”小丫拿着手机不停拨号，挂断——重拨——挂断——，说实话，她如此气急败坏的样子我们还是第一次见。原来那个阳光活泼、年轻有为的小丫头不见了，取而代之的是暴躁易怒、一点就着的刺儿头。

“小丫别这样，你看马上要竞选了，你工作业务好，希望可是最大呢！”

“是啊，会计资格证也该考了吧？总不能为了个男人让努力白费吧？”

“老板让交的报告也没时间了，我们还是先考虑眼前吧！”

……

同事们看不过，纷纷劝她。

“我现在哪有心思管别的？”小丫气呼呼地说，“这五年我的世界里就只有他！没了他，我努力给谁看呢？这件事情他不说清楚我跟他没完。”

此时的小丫，别人的话无论如何也听不进去。后来，她干脆请了假，疯了似的满世界找男友，听说还买了动车票去了男孩的湖南老家。

由于长时间缺席，她当然没有竞选成功，考会计资格证的时间也耽误了。因为报告没完成，领导也颇有微词。

回到单位后，小丫神情落寞，看自己的工作一团糟，她放声大哭：“他说我现在像个疯子，还要跟我分手！”

“他都劈腿了，你还有什么放不下？这样的男人不要也罢。”同事劝她。

“不，我不甘心，五年的青春我都给了，也不怕再多几年。我就要耗下去，看谁耗得过谁。”小丫满脸泪光，一脸慷慨。

傻姑娘，难道你还准备为了这种不值得付出的人再赔上五年吗？

后来的事情真的很糟心。

小丫因为长期缺席，工作时又不在状态，被单位辞退了。男友呢？也彻底离开了她的世界，音讯全无。

我真替小丫感到不值，为了一个男人将自己的世界全部否定，只为了成为别人世界中的一个角色，何其可惜。

恋爱中的姑娘容易智商为零，那些结了婚之后的姑娘又怎么样了呢？我的朋友媛媛很能说明问题。

媛媛结婚以前在国贸附近上班，她的薪水很高，足够她过很小资的生活。不管是 LV 上了新款限量包包，还是 DIOR 的最新香水到货，只要喜欢，毫不犹豫地刷卡，收入囊中。闲暇时，她的日子轻松惬意，泡吧、看电影、逛商场、喝咖啡、练瑜伽……

结婚后，媛媛听老公的话，安心留在家里相夫教子了。

打从恋爱的时候他们就是我们羡慕的一对，男朋友对她非常好，两个人结婚也是顺理成章的事。后来，老公的事业慢慢走上正轨，她觉得没有必要再上班。因为老公说：

“我有能力让你过好的生活，你安心在家就好。”

辞职后，她每天主要的工作就是照顾孩子和丈夫，每次我们打电话约她，她总是有各种事情抽不开身，即使勉强来了，我们聊天的内容她也总是一头雾水。虽然还是依然爱美，专柜的衣服也还是会试穿，但更多时候她还是默默退回去。因为她发现，现在花的每一分钱都要向老公伸手。

慢慢地，老公开始不耐烦，后来以公司资金短缺为由减少了给她的生活费用。连婆婆也觉得她是个吃闲饭的，是儿子的“寄生虫”，整天横鼻子竖眼，动不动甩脸色，还逢人便说“不会挣钱就会花钱的败家女”。

后来老公开始早出晚归，从原来的依依不舍到现在的神龙见首不见尾，女人的第六感告诉他，老公出轨了。

有人说，永远不要怀疑女人的智商，这话一点不假。不管老公再怎么遮掩，还是隐藏不了出轨的事实。因为那么浓艳的唇彩、那种玫瑰花的香水自己从不会用。

发现了又怎么样呢？老公不搭理不解释，媛媛也不敢彻底与老公决裂，因为她没有了独立生活下去的勇气。虽然查到了老公背后的女人，虽然她放下自尊苦苦哀求对方，但事情没有丝毫转机。

“难道我该这样忍气吞声一辈子吗？我到底该怎么做？”她声泪俱下的控诉，让我们好心疼。

“回去，找一份工作，重新开始！”朋友柚子的话斩钉截铁。

原本郎才女貌的一对也得在金钱面前败下阵来，看到媛媛“祥林嫂”似的一脸哀怨，再无婚前的光鲜，我不禁想起那句话：挣钱就能趾高气扬，要钱？活该你的生活一地鸡毛。

网上有这样一个段子，有人问一个姑娘，每天那么忙干吗，又不像男的需要养家。姑娘说，我不需要养家，但是我要养 YSL 的唇膏，SK–II 的水，CHANEL 的眼影，DIOR 又出了限量……这可比男人的肩膀沉得多，毕竟都是上市企业。

看，姑娘的回答何其睿智。

我有头疼的毛病，每次用脑过度都让我疼得死去活来。有人说，“你老公挣钱就好了嘛，何必还那么辛苦地码字？”

对不起，这话我不爱听。虽然我先生也曾对我说过“我养你”的情话，但我怕自己习惯从他那里讨生活变得没有自我，我怕会从最初的你情我愿变成后来的你厌我烦，所以我要努力。

恋爱的时候爱得死去活来，可是结婚之后，爱情会逐渐被柴米油盐消磨。因此，亲爱的姑娘们，无论何时，女人都要靠自己给自己最好的生活。

一个女人最应该怕的，不是恋爱时的劈腿，不是婚姻里的出轨，而是既不能摆脱现有的困境又不能给自己更好的选择。

嫁就嫁给那个眼里只有你的男人

余生很长，不要将就，不要委屈自己。姑娘，一定要嫁一个眼里只有你的人。因为爱你，不管他自己境遇如何，余生都想牵着你的手一辈子都不放开。衷心祝愿每一位姑娘深情有所托，恩爱两不疑！

1

天还没亮，我的手机就不合时宜地响了起来，一看是我的好友舒婷婷打过来的，不用猜，一定又是为了感情的事情。

“霞，我这次铁了心要分手了。”一接电话，果然不出我所料。

“真的铁了心，说说吧，这次又为了什么？”我揉揉惺忪的睡眼，只是懒洋洋地问了一句。

“你不知道，我实在不能再忍下去了，我算是对他绝望了。”婷婷说得义愤填膺。

说实话，婷婷的话我并未当真，因为闹分手这种事情在她和男友之间时不时就会上演一番，我一点也不觉得稀奇。不过，话虽这么说，我还是耐心听她讲让自己绝望的故事。

“跨年那天晚上，我很想和他一起看东方卫视的跨年晚会，他说单位要加班。还有一次约了他看电影，直到电影散场，我都不见他的影子。最后才知道他和朋友一起玩游戏给忘记了。”

“上上周，因为鸡毛蒜皮的小事吵了好几架，后来还是我先打电话给他道歉。可他呢？还不耐烦挂掉电话，叫我少烦他。”

“为了缓和我们之间的关系，我亲自做了一大桌子菜等他回来吃，可他告诉我，老同学来北京了，他要好好陪同学几天，看了他的朋友圈才知道，那位老同学还是个女孩子。”

“什么样的老同学要陪吃陪喝好几天，何况还是个女孩子？”我一直听着，但听到这里，还是有些忍无可忍，“他竟然这么对你，这样的人拉黑算了，干吗还给自己找难受？”

“是的，我看到他们的自拍照那么亲密，那一瞬间我真受不了了，我很怀疑，在他心里，我到底算什么呀？我生气地质问他，和那位姑娘到底什么关系，谁知他说我小心眼，思想龌龊。这一次，我先挂了电话，然后我就将他所有的联系方式都拉黑了。”

婷婷越说越生气，我静静地听着，当她情绪的垃圾桶。

“这样的人，不联系也好，免得给自己添堵。”我不禁要为朋友的拉黑行为点赞。

“可是你不知道，我都拉黑他七天了，他愣是没发现我已经拉黑了他。我可以这样想吗？七天时间里，他没有给我打过一个电话，没给我发过一个信息，没给我留一条留言，但凡有其中之一的行为发生，他都会发现。”

傻姑娘，“不是可以这样想吗”，而是事实的确如此。现在的人手机从不离身，要联系一个人何其容易，要发现自己被拉黑也是分分钟的事儿，之所以什么都不知道，是因为压根就忘记了联系你，又或者说你在他眼里什么都不是。

“这一次，我们可能真的分了。”隔着电话，我听到了她不停抽泣的声音，“如果说以前，我总还对他有一丝幻想，相信他是爱我的，那么在经历这么多之后，我终于明白，在他眼里其实根本没有我。”

坦白说，婷婷和她男友之间的感情我们一点也不看好，因为他给婷婷的爱总是无故缺席，就连婷婷过生日都没出现过。

即使见面，也是婷婷不停找话题，噼里啪啦说了一大堆，而他只是简简单单地回应，看不到热情。

“不如我们一起看电影去吧！”

“幼稚。”

“那我陪你玩游戏吧。”

“就你，省省吧，只会拖我的后腿。”

“陪我逛逛街吧！”

“太累。”

“我陪你聊会天吧！我睡不着。”

“不了，我要睡了。”

……

凡此种种，不胜枚举。

在这段爱情里，婷婷一直不停地替男友找借口，自欺欺人般地安慰自己，“他只是忙”“他不爱看电影”“我玩游戏确实不在行”“男孩子有几个喜欢逛街呢”……

挂完电话，约了婷婷吃早茶。看她哭得梨花带雨，分手说的毅然决然，我相信她是真的看清了——他眼里没有她。

这一次，我希望他们真的分手，永远不要重新开始。因为世上最不可挽留的，就是一个不再爱你的人。

看到婷婷的遭遇，我不禁想起应采儿说的那句话：“我老公是打死也不看别的女人的。”这句话是她在一次采访时对主持人说的。之所以说这句话事出有因。

原来，她的一位演员朋友，拍戏的时候和她讲，他们当时去一个岛上拍戏，那个岛上有很多女演员，无一例外，她们都穿着性感火辣的比基尼。但你老公简直了，他连看都不看一眼，好像这些美女都不存在，只是专心地和狗玩。

讲这件事情的时候，应采儿笑靥如花，还调皮地撅起了嘴，那嚣张的样子分明是告诉我们：我老公眼里就只有我一个人，你要说我老公跟别的女人亲热，不好意思，那是绝对不可能的。

知道我们女人毕生追求的安全感是什么吗？

就是她有足够的底气，来向世人炫耀自己的爱情，来向别人证明，自己选择的男人有多好，有多宠她。不管发生了什么，三步之内只要有他在，你就能拳头放开，睡得像个小孩。

这才是我们追求的幸福，而不是在感情里我情你不愿，我唯唯诺诺小心翼翼，而你还不解风情地不耐烦。

陈小春一直是我喜欢的男演员，那年古惑仔“岁月友情”的演唱会恰好我也在场。演唱会上，陈小春板着冰山脸，全程一脸严肃地唱着《相依为命》，但是应采儿在台下手舞足蹈，像个小姑娘似的不断闹腾，还一脸搞怪，向他霸气地比画爱心，陈小春看到后一秒破功，嘴角上扬，露出腼腆宠溺的一笑。

后来，这个甜蜜的画面被放到网上，不知虐哭了多少观众。是啊，只有看到喜欢的人，才能破格一笑，因为，我的眼里只有你。

现在的陈小春早已从山鸡哥变身模范丈夫，结婚六七年，依然动不动就秀恩爱，撒狗粮，分分钟闪瞎我们的眼。

从此，世上有了一种爱情叫“你在闹，他在笑”。我想，一个男人很爱很爱一个女人，大概就是这样了。

2

我有一个十分要好的朋友叫妍妍。

说起妍妍，但凡认识她的人无不羡慕嫉妒恨，尤其是我们女孩子。她不仅学历高，工作好，而且长得如花似玉的，简直就是传说中的智商和颜值双在线。

这样的好姑娘，身边的追求者自然是排起了长队，恐怕连她自己也数不清。反正一到节假日，她都会开着自己的超级大跑车给我们送鲜花或者巧克力，因为她自己是怎么也“处理”不掉的。

“你呀，谁才配得上你呢？”总有人这么杞人忧天地对她说。

“告诉你们，明年五一我要就和莫凡结婚了，到时你们一个都别少哦！不然，有你们好看！”那天在星巴克约了喝咖啡，妍妍突然宣布这一消息。

“莫凡？”

“你没搞错吧？怎么是莫凡？”

“莫凡哪里配得上你？工作朝九晚五还挣钱不多，颜值也一般。”有人不客气地说出事实。

作为妍妍的朋友加同学，我知道，她最后一定会选择莫凡的。

她和莫凡从初中起就认识，用莫凡的话说，他一见到妍妍就知道这辈子非她不娶了。虽然自知有很多配不上，但他一直默默守候。不管是高中，还是大学，抑或是参加工作，他始终随着妍妍的步伐，因为他怕自己不在，妍妍会受委屈，会受伤害。

这么算下来的话，莫凡喜欢妍妍已经很多很多年了。

在等候妍妍的时候，喜欢她的男孩子来了又走，走了又来。不管是高大帅气貌比潘安的，还是巧舌如簧多金的“富二代”，追求过一阵之后看妍妍不同意便很快放弃，继续寻摸新的目标。

是啊，这年头，谁愿意在一个人身上浪费太多时间和精力呢？

但莫凡是例外。这些年无论风风雨雨他始终如一，一直陪在妍妍的身边。在他的眼里，我从未看到过别的女孩的影子。虽然很爱很爱，但他从未打扰妍妍的生活，这样长情的陪伴，又怎么不让人心动呢？

"为什么你等我这么多年？或许还有比我更好的女孩子呢！"一次，在 KTV 唱歌，妍妍问喝得有点醉的莫凡。

"傻丫头，我的眼里都是你，哪里还会去看别的女孩子？"莫凡回应。

"就那一刻，我准备嫁了。"妍妍开心地告诉我。

你看，一句简单的"我的眼里都是你"就能将女孩子感动得一塌糊涂，在我听来，这是最美丽最动听的情话。

我曾经问外婆："这么多年了，你还爱外公吗？"

外婆笑着回答说："什么爱不爱的，那是你们年轻人的事，在我们这辈人身上，哪有什么爱情可言。"

话刚说完，83 岁的外婆就和外公手牵手去买菜了。在过马路的时候，我看到外公把原本走在马路外侧的外婆拉到马路内侧，就这么一个小细节，就是爱情啊！

外婆不知道，外公曾偷偷告诉我："虽然我在结婚前并没有见过老婆子（外婆），但是结婚那天，我掀起老婆子的红盖头的时候，我就知道，这以后就是我的婆娘（四川方言）了，我要对她好一辈子。"

要这么说的话，外婆远不如外公浪漫。

外婆常跟我抱怨外公这不好那不好，还说第一眼见到外公的时候觉得这个人怎么一点也不好看。话虽如此，但说这话的时候，外婆脸上的褶子一朵一朵地开出花来。

从我记事起，我经常可以看到这样的画面：外婆聚精会神地给我们纳鞋底，外公就在一边傻呵呵地看外婆穿针引线；外婆不识字，每逢外出，外公都寸步不离，紧紧看着外婆，生怕她找不到回家的路……

看着夕阳的余晖将他们颤颤巍巍的身影越拉越长，我知道这就是爱情最好的模样。

这种爱情与容颜无关，与年龄无关，一切只是因为你是我眼中的那个人，是我今生的唯一。即使容颜枯萎，岁月老去，你在我眼里依然是最美。

感情的世界宁缺毋滥，很多时候，我们可以将就着一个人勉强说是爱，但幸福如水，冷暖自知，勉强在一起的感情，真的不能长长久久。姑娘，请务必，请一定要找一个眼里只有你的男人度过余生，陪你看细水长流。

别等到爱已无法挽回，你才知道珍惜

生活中，我们无法躲避那些天注定的离散，却可以避免人为酿成的遗憾。向来情深，奈何缘浅。姑娘，有些事有些人一旦错过就不在，愿世间所有有情人，终得圆满。

豪华的KTV包间里，锦溪声嘶力竭地唱着刘若英那首《后来》：

“后来，

我总算学会了如何去爱，

可惜你早已远去，

消失在人海。

后来，

终于在眼泪中明白，

有些人一旦错过就不再。

……”

锦溪泪流满面，唱得动情。歌曲快结束的时候，她已经窝在沙发里泣不成声，难以抑制。有人说，人这一辈子最害怕突然某一天听懂了一首歌，因为那一刻往往已经物是人非、曲终人散。所谓“初识不知曲中意，再听已是曲中人”，这就是音乐的魅力。

今天被锦溪约着唱歌，我知道她的难受，她的心痛。虽然失恋后的锦溪一直一个人，但男友却很快投入一段新的感情，今天就是他结婚的日子。

“你知道吗？他结婚了。那个即使跑遍深夜的北京城也要给我买香蕉船的人要结婚了，可新娘不是我。”锦溪猛灌啤酒，又像是说给自己又像是说给我听。

“你说我傻不傻？明知他就要娶别人了，我还是开车远远地跟在婚礼车队的后面，一直跟一直跟。”

“傻丫头，结束了，一切都结束了。”我把她从沙发上扶起来，冷血地告诉她这个事实。

“你不知道，当我看到他抱新娘子下车的时候我有多心碎，看到他和那个女孩言笑晏晏的样子我有多后悔。对，你说的没错，结束了。”锦溪语无伦次，“对了，他今天还给我发信息了。”

说完，疯了似的找不知被她扔在哪里的手机。

“别看了，就送到这里吧。从今后我们都有各自的新生活。”这是锦溪前男友发给她的信息。

我想，锦溪的前男友一定是发现了跟在婚礼车队后的她，才发出的这样一个信息。

锦溪和男朋友分手已经快一年了，恋爱谈了三年，最后却因为一件无足轻重的小事纠缠不休大吵一架，锦溪觉得男友不再包容自己惯着自己，心灰意冷之下，提了分手。

其实，我们都知道，说是分手，不过是锦溪耍耍脾气，想让他哄哄罢了。但遗憾的是，男友这次并没有哄，锦溪也倔强地不打算回头，两个人几年的感情说分就分了。

在一起的这几年，两个人总是成双入对，到处撒狗粮，让我们羡慕嫉妒恨，她容忍他的小邋遢，他包容她的大小姐脾气。

但后来的日子，两个人的相处模式开始发生变化。原来爱哭鼻子的锦溪一掉眼泪就让男友觉得如临大敌，千方百计也要哄她开心，但后来，不管锦溪哭得多么惊天动地，他也显得无动于衷。

最后一次闹分手真的成了最后，原本锦溪以为过几天男友就会低头，可怎么也没想到，他从此不再回头。

看着哭成泪人的锦溪，我想经过这次，她应该学会珍惜了吧！

感情的世界里，两个人在一起的时间越久，就越不懂得珍惜，因为心里会想当然地以为，他（她）不会离开。但是人总是会累的，所有的离开都不是临时起意，而是失望和伤心到了一定程度，就会心如死灰。

电影《前任 3》中的剧情和锦溪发生的事情是那么如出一辙。

在一起已经五年的孟云和林佳因为一点小事吵架，冲动之下说了分手。林佳决定从孟云家里搬出去。应该说，林佳和孟云分手的时候，内心并非那么决绝的。因为，如果真的想走，她就不会在客厅和房间里来来回回好几遍一次次出现在他视野里，却迟迟没有收拾行李。等到真的收拾行李却又故意制造声响引起他的注意。

明眼人应该也能看出，他也不是那么想她走。虽然密切注意她的一举一动，但还是狠下心来躺在沙发上装酷。

到最后，林佳拉着行李箱问，你还有什么好说的吗？而他，明明心乱如麻，明明想要她留下来，却只是口是心非，装作若无其事地说，你都决定了，我还能说什么？

“砰——”门关上了。

“哎——”他对着空空的屋子一声叹息。

他以为她不会走，她以为他会挽留。什么都没发生，结果她真的就走了，他也真的就没挽留。

其实，林佳有女孩子的小心机。

她故意留了些东西在孟云家里，还告诉他：不要寄到公司，等有了新地址我发给你。谁能猜不到，这是她为复合留的一线生机。找到新住处后，她从微信上告诉他东西寄到哪里。孟云这个呆瓜，没有说“你回来吧”或是“我给你送过去”，他就淡淡地回复一个“哦”就万事大吉。

林佳生病，她的药都还在孟云那里。如果她能打个电话过去，对他说句，能麻烦你把我的药拿过来吗？我生病了。我想孟云知道后，一定会飞奔过去。

但很遗憾，什么都没有。就这样，两个人渐行渐远，直到再无交集。

后来，孟云和王梓在一起的时候，他会空出时间来陪她；会在深夜里点燃一支烟，想着如果林佳可以再回到他身边，他会好好珍惜。

不过，人生哪有什么如果？教你学会珍惜的林佳早已不在自己身边。爱情里，谁又会一直原地等你？

姑娘，如果你的身边恰好有那么一个爱你你也同样爱的人，你可一定不要太任性，要学会珍惜啊！好好的一段感情，千万别弄丢了才追悔莫及。

好好爱自己，别去讨好一个不愿为你付出的人

爱情就像乘法，其中一项为零，其结果永远为零。喜欢一个不愿为你付出的人很辛苦吧！希望每一位姑娘在感情里不用那么小心翼翼，希望你喜欢的人，恰好也同样喜欢你。

1

茶馆里，神情落寞的悠然幽幽地吐了一个烟圈，告诉我说：“我和他分手了，我实在耗不起了，在他那里，我看不到任何未来。”

“女孩子抽烟可不是好习惯。”我不知怎么安慰她，只好说了一句题外话。

“这还不是拜他所赐，我和他恋爱了四年又四个月，每次我一提结婚的事情，他就不耐烦，我觉得我在他眼里还比不上游戏重要。每次看他玩游戏，我就抽烟，慢慢地就上瘾了，戒不掉了。”

悠然的情况我再清楚不过了，她毕业后就在北京一家税务所工作，整整六年了都没挪过窝，职位越来越高，薪水越来越多，工作起来雷厉风行的她唯独对自己的男朋友优柔寡断，总是一再包容。

在一起的几年，她男友的工作像走马灯似的换了一批又一批，上一份工作还是我给介绍的，但他说那家公司的老板简直就是“脑残”，工资压得还那么低，干了不到半个月，拍怕屁股走人了。

“你说分手，他就没有挽留吗？”

“那天是我脾气大了些，我下班回家看到他葛优躺地玩手机，我就说你这样我们怎么买房，怎么结婚？没想到他愤怒地掀翻桌子，还嚷着谁稀罕结婚？也许就是这句话，让我彻底清醒了。在他心里，从来没想过我们的未来。”

“那你想清楚了吗？”在之前的很多次吵架，都是悠然先向男友低头，这一次我不确定是不是还是如此。

“彻底想清楚了。我回到屋里收拾东西，我要把属于自己的全部带走，漫长的好几个小时，他就不动声色地玩游戏。其实我该醒悟，他从来都舍不得为我付出，即使让他买束花给我他都能唠叨半天；看场电影对他来说都是败家，这样的感情或许早该结束了吧！”

看她哭红的眼睛，我知道心里藏不住事的她一定通宵未眠。

人就是这样，明明下定决心离开了，可还是会觉得委屈。真正走的时候，才看清了很多东西。一个不愿付出时间更不愿付出金钱给你的人，真的还有留恋的必要吗？

“在这段感情里，我觉得他并没有那么爱你。既然这样，何必还在一个不值得你付出的人身上浪费青春呢？”

悠然摁掉手中点燃的香烟，点点头表示赞同。

姑娘，最好的付出是双方的，而不是某一方的一厢情愿。说到不愿付出，现在的年轻人真是让人啼笑皆非。

2

我们单位的小苹果是个很好的姑娘，她跟男朋友交往了四个月，分了三次手。每一次分手她都自怨自艾："一定是我哪里做得不够好，他才总是说分手。"

每闹一次分手后，小苹果就对男友加倍好，她觉得只要自己够好，男友就不会总是说分手。但直到那天下班后，小苹果听到男友给一哥们打电话，才明白他的分手并不是自己的原因。

讲电话时，男友一脸神气地说，"不就是过个春节吗？有什么大不了的，不想买礼物讨欢心就分手呗，大不了过了春节再和好就是了。"

看到男友说得轻描淡写，小苹果脸色铁青，恍然大悟：

之前她还以为是自己不够好，所以男朋友才想分手。第一次男朋友跟她分手是双十一前夕，他不想为自己满满的购物车买单，所以暂时先分手；第二次分手是圣诞前一天，他不想送礼物所以先分手；第三次是元旦。

"你们说说，他该是多讨厌我，才会用这种方式来和我分手？难道在他眼里，我连礼物钱都不值得让他出？"得知真相后，小苹果捶胸顿足，"我也是天下第一号傻姑了，还一次次配合他上演分手复合再分手再复合的闹剧，你们说我和小丑有什么区别。"

“这种人早离开早好。”同事小雯一脸正气，“说白了，他就是不爱你呗，与其你一次次讨好她，不如用这心思爱自己呢！”

“是啊，是啊！有第三次，谁敢保证没有第四次，第五次呢？毕竟元旦过了有春节，春节过了有情人节，儿童节，中秋节……”

“儿童节谁还过？你过？”

……

办公室里笑声一片，我却怎么也开心不起来。我不禁要问：这些男孩子都是怎么了，难道女孩子对你掏心掏肺的好真的只是换来你挖空心思省下买礼物的算计？

在我看来，这样的男人就不配谈恋爱，因为你爱钱就好了嘛！还要感情做什么呢？对我们女人来说，幸福就是你愿意为我付出，并不需要你送我豪宅香车，并不需要你时时把“我爱你”挂在嘴边，我们只需要你在每个节日到来的时候给我一个小小的惊喜，平时有空多陪陪我，让我知道你心里有我——足矣。

从来都不计输赢地爱你，才是真正的爱情

男人女人之间的较量，输家永远不是因为不够聪明，仅仅是因为一个更爱另一个罢了。只有真正的好男人，才不会年轻时候帅一阵子。他会用实际行动让你看到，他是怎样用对家庭的责任感和男人的担当，让你闪闪发光一辈子！

1.

“上班挺累的，不如讲个故事让大家轻松一下怎么样？”公司休息室里，同事乐童为了缓解沉闷的气氛，这样对我们说。

“说吧，说吧！码了一下午字，我都累死了。”小高揉揉脖子，一脸期待。

“这样，我发到你们微信上，自己看，包你们好玩又好笑。”乐童拍拍胸脯保证。

看了乐童发来的故事，我们几个人在休息室里笑得前仰后合，花枝乱颤。尤其是嚷着累的小高，眼泪一个劲地往外冒。

故事的名字叫《一个模范丈夫的自述》，内容是这样的：

夫妻二人下象棋，只是简单的五招之后老公便胜局在望，看到这么快就要输了，老婆的脸拉长了。

老婆：马可以走“田”字，因为我的马是千里马；

老公：我忍了。

老婆：兵可以倒退走，因为我的兵不一般，是特种兵；

老公：我也忍了。

老婆：象可以过河，因为我的象特殊，是小飞象；

老公：继续忍。

老婆：炮可以不用隔棋，不管是隔两个三个还是几个都能打，因为我的是高射炮；

老公：还是忍。

让我忍无可忍的是，她的车居然可以拐弯，还振振有词地说哪有车不能拐弯的？还问我，你见过不拐弯的车吗？

我无奈，只好一忍再忍。

到最后，她竟然用我的士，干掉了我的将，说这是潜伏了多年的间谍，特意派来做卧底的，现在要发挥作用了。

最后，当然是她赢了。

接下来的一整天，妻子有说有笑，非常愉快地度过了一天，晚上吃饭时还破天荒地给我斟了一杯酒。深夜，我看到妻子在睡梦中露出了甜蜜的微笑，便悟出一些道理：

家不是讲理的地方。

家和万事兴，和谐共赢。

控制情绪很重要。

良好的沟通是幸福的基石。

规矩是死的，人是活的。

和老婆讲道理的男人智商都有问题。

看了这个故事，忍俊不禁之余，我除了佩服这个女人的想象力，更多的是佩服这个老公疼老婆的能力。输了一盘棋却赢得心爱女人的笑容，其实是赚了。对一个丈夫来说，一盘棋的输赢和妻子的开心，哪个更重要呢？

答案不言自明。

试想一下，故事中的老公如果非要和妻子争个输赢，那还会有这般皆大欢喜的结局吗？之所以一忍再忍，不过是因为我疼你，爱你，并不是我不够聪明。

在感情世界里，免不了争吵，但很多时候我们女孩子看起来的无理取闹，只不过是想知道我在你心里究竟多重要。

刘涛和王珂的爱情故事为很多人称道，刘涛在一次访谈中说到彼此的相处之道，就是不争对错。

"有时候争论是不会有结果的，但争论的过程会让大家觉得累，心里不舒服，我觉得任何的计较都是伤害。"

歌词说："相爱没有那么简单，每个人有他的脾气。"是啊！家人之间，总会有这样那样的不同。要和谐就得你理解我，我理解你，遇到问题不剑拔弩张，不追究谁对谁错。

一对老夫妻吵架，丈夫总让着妻子。

妻子问："明明知道我错了，为什么还让着我。"

丈夫说："因为我怕吵赢了，输了感情，丢了你，我就输了人生的全部！"

其实，女人很容易满足，让着就行了。道理我们也都懂，但唯独不想听你讲。

上周三下午，我们公司发生了一件事情。在我看来，看似气势汹汹的吵架却吵出了甜蜜，这是不是很难得？

因为和客户约好了谈出版合同的事情，项目部的大牛一整个下午都没有回他老婆的消息，偏偏不凑巧，老婆那天又有急事要找大牛。看到自己急急如律令的消息一个也没回，所有的电话也都是无法接听，大牛的老婆心急如焚。

送走客户，就在大牛长舒一口气的时候，他老婆风风火火地找上门来了，不待大牛反应过来，就把手提包扔到大牛身上，还劈头痛骂：

"你为什么不接我电话，不回我信息？你知不知道我都快急疯了？"

"不是保证过了，不再出现类似事情吗？北京风这么大，谁知道你是不是被哪块广告牌给砸得不省人事啦！"

“还有，你知不知道我有多担心你？”

……

当着我们一屋子人的面，她的老婆絮絮叨叨、数落个没完，大牛满脸堆笑，又是让座又是端茶倒水，还不停地道歉“我错了”“我不该惹老婆大人生气”“我保证下不为例”，那样子毕恭毕敬，简直了。

看到老婆的气消得差不多了，大牛让她在电梯口稍等片刻。看到这一幕，我们几个还很小人之心地想，肯定是当着我们的面大牛不好发作，待会儿再教训她。

谁知，完全不是那么回事。送走老婆，大牛屁颠屁颠地去老板办公室请假，说是要提前走一会儿，因为老婆生气，事儿很大。

更让我们大跌眼镜的是，这么蹩脚的请假理由，老板居然也批准了。

“大牛，你可真行。就你老婆这暴脾气，恐怕也就你能忍了。”第二天上班，同事王哥不嫌事大地开玩笑。

“女人嘛，哄哄就好了。她是我老婆，和我吵也是出于对我的关心，何况不回信息还让她跑一趟本就是我不对。”大牛说话的神情严肃极了，“可以逞强的事情那么多，又何必在吵架这件事上和爱的人过于较真，好好地爱她才是最重要的。”

一向老实木讷的大牛说出这段肉麻的话时，我们办公室的小姑娘们都听呆了，觉得这么爱老婆的男人恐怕要打着灯笼才能找到了。

在我看来，最好的男人是在外能顶天立地，而不是在家里耀武扬威，让女人对自己恭恭敬敬。没本事的男人总会把自己的不如意，转化为对女人的抱怨，靠伤害自己的女人来发泄心中的不满。

2

事实上，越是没本事的男人，越没有教养和涵养。在事业上越窝囊的男人，在家里更容易家暴，更容易发脾气。这样的男人，他那颗脆弱的玻璃心需要你小心翼翼地去呵护，一旦有什么风吹草动就会爆发家庭大战。

在这一类人看来，天下的女人都贪慕虚荣，爱财如命，自己的老婆更甚。但是，与之相反，越有本事的人越疼老婆。

我原来单位的总经理是个不折不扣的“霸道总裁”，每次开会做决定的时候，不管我们什么意见，他都很武断地一意孤行。为此，我们一众姑娘给他取了个难听的绰号——“虎老大”。虽然看不惯他的做法，但事实证明，他的决策都是英明的。

“就他这脾气，谁当他老婆谁倒霉。”我们私下里猜测。

但后来发生的一件事情很快颠覆了我们的想法。有一次，我在电梯间听到总经理和什么人通电话，语气那叫一个谄媚，让一旁的我身上直起鸡皮疙瘩。

“好好好，你说什么就是什么。都依你。”说完最后一句话，他挂了电话。

看他的样子，我就问“虎老大”是不是又接了什么新业务？他直言不讳地告诉我："哪有什么新项目，刚才打电话的是我老婆。我老婆喜欢安静，想买离市区远一点的房，我呢？考虑到上班方便，所以看中了市区的房子。不过，只要老婆高兴，我都听她的。"

听了经理的话，我才知道我们私下里的猜测是那么想当然。

前一段时间，周杰伦怼歌迷怼上了热搜，“哥不喜欢这样”，他在 ins 上抗议：

“温哥华的歌迷朋友不要来接机送机喔，如果是演唱会当然欢迎，但最近都是私人行程，所以就让我随缘在街角遇到吧。”

在我听来，这段话的弦外之音是：二人世界，闲人勿扰。

他所说的私人行程，是去老婆昆凌的片场探班。在台北和内地的演唱会间隙长途飞去温哥华探班，有媒体统计，他 10 月份都在当空中飞人，其中一半时间都是赶着去陪宝贝老婆，有人调侃说，周董来回总计将近飞了要绕一圈地球的距离。

网上有周董在场外凝视老婆的背影，对着背影都能让人觉得他目光灼热，满脸宠溺。昆凌在加拿大拍片，周董在 ins 账号上为老婆不遗余力地宣传；对昆凌的短发新造型，也很狗腿地说：“长得漂亮的人弄什么都好看”。

暖爆了有没有？

陈奕迅是我比较喜欢的又一男明星，提起他，很多人都会想到他的“败家”妻子徐濠萦。据说，陈奕迅每个月除了还贷款，还要给她几十万的零花钱。8周年结婚纪念的时候，陈奕迅用辛苦所得一下送给徐濠萦2亿多的豪宅房本，豪宅上只有妻子的名字。他毫无怨言地拼命工作，为的就是让妻子可以没有后顾之忧地做一个时尚达人。

陈道明和他的妻子杜宪，是娱乐圈里著名的“模范夫妻”，两个人都是彼此的初恋。在一次访谈节目中，他说，他和妻子最大的爱好，就是坐在窗下，妻子修花草，他裁剪皮包。

作为零绯闻男星，陈道明从来不爱应酬，并且滴酒不沾，只要不工作，他大多时间都待在家里陪妻子。

他认为，男人最大的时尚就是多在家里待一待，因为家才是生活的舞台。

不管是前文中脾气暴躁却被应采儿吃得死死的陈小春，还是周杰伦，抑或是晒恩爱秀娃的吴彦祖，还有一边吐槽、一边狂给袁咏仪买包包的张智霖，这些年轻时候的偶像、心目中的男神经过一番轰轰烈烈的爱情后，都晋升成为新一代的“模范老公”。

真正的模范丈夫，就是任何时候都把爱的人放在首位，疼爱她，支持她。但如果那个跟你在一起的人，不管你说什么他都不愿意让步，无论如何总要辩论出一个输赢，那么很难说这个人是爱你的。

做幸福姑娘，老公的态度决定家的温度

姑娘，你一定要嫁给一个灵魂有温度的男人，这样你的余生才会热气腾腾。老公的态度决定家的温度，老公的灵魂没有温度，这个家就是冷的。无论你如何费尽心机地去暖场，始终还是热不起来。

1

马经理是公司“空降”来的一个项目经理，为人风流倜傥，做起事来风风火火，工作效率很高，试用期半年，原以为他能在试用期结束前就被提前升级为正式员工，但令人意外的是，他却并未通过试用期。虽然大家对他的未被录取充满不解，但我却觉得在情理之中。

一次，我们公司和另一个公司有个合作，签完合同后，我们一起在一间日式料理店聚餐。聚餐过程中，他给人的感觉很不错，不仅对在场的女士都温柔谦恭，而且还很好地照顾到大家的口味。

“谁要是嫁给马经理这样的人简直要幸福死了，又多金又温柔。”

有同事嘀咕。

应该说，这次聚餐大家对马经理加分不少，尤其是单位单身的女孩子更是被他实力圈粉。但接下来发生的一件事情很快改变了我的看法。

一次和马经理外出办事时，突然接到电话说一本书稿中有一处问题急需处理，本来还有其他工作的马经理很热情地说送我到单位，路程虽然不长，但是步行还是很耽误时间，刚坐上他的车不到十分钟，他的手机就响了。

看了看来电显示，他本来微笑的脸一下子变得很难看，想都不想就直接把电话挂了，可对方好像并没有放弃，依然坚持不懈地打过来，他才勉强地接了电话。

“我说你这人有完没完，都说了我在工作，没事瞎叨叨什么。”他的语气里充满了不耐烦。

我不知对方说了什么，只是听到他狠狠地回了一句：“你妈要住院，给我打电话有什么用？烦死了，我又不是医生。以后没事少烦我。”

可能意识到我在车上，马经理很快满脸堆笑，说：“我老婆的电话，没什么事儿。”

“您爱人做什么工作呢？”我们闲聊。

“我老婆就是一个家庭主妇，每天就在家洗衣服做饭，别的什么也不会，不仅一分钱赚不到，还总是给我添麻烦。”

“其实家庭主妇也不容易啊，不仅生儿育女牺牲身材，还得每天围着老公孩子转。尤其是生孩子的前几年，牺牲事业不说，想睡个囫囵觉都得争分夺秒，真的非常辛苦。”听了马经理的话，我忍不住辩解几句。

“很多女人白天上班晚上还要带娃，人家都不说辛苦，我什么都不要她做，在家里闲着无聊做个饭顺便带孩子，又能多辛苦？矫情。”马经理冷哼一声后没了下文。

就在那一刻，我瞬间对眼前这个男人好感全无，竟心疼她的老婆嫁给一个这么没有温度的老公。回想他刚刚的一系列表现，上车前会为我挡住车门，贴心地问我要不要开空调，我能说他变脸比翻书还快吗？

做事之前，先做人。企业用人对一个人的人品尤其看重，这样一个不体谅妻子、不心疼妻子付出的男人，人品有待考究。

事不凑巧，我们老板刚好认识马经理以前就职公司的老板，闲聊中才得知马经理离职的原因是出卖公司的商业机密，人品比较差。

看到马经理的变脸行为，我感慨颇多：许多男人都愿意把自己最温暖阳光的一面留给朋友或同事，甚至是毫不相关的陌生人，却唯独把自己最阴冷、最残酷的一面给了妻子。在这一类人看来，妻子不会说离开就离开，反正是自己人，我没必要去维护、去经营。

在我眼中，这就是灵魂没有温度的男人。生活中，语言也是有温度的，而决定温度的，是说话者的心。很显然，马经理对自己的妻子毫无温度可言。

2

上个月表妹生日，她郑重地问我：嫁人要嫁什么样的呢？我毫不犹豫地回答，嫁一个温暖的男人。因为真正温暖的男人既懂得对外人好，又懂得疼爱妻子。

说到这里，我不禁想起我乘坐地铁时遇到的一件暖心事儿。

那天，到大望路站的时候，我的旁边空出来一个位置，一个五六岁的小男孩麻利地跑过来占住座位。占到座位，小男孩并没有坐上去，而是一个劲地对着车门附近的一个女人说："妈妈快过来，这里有位置！"

很快，一对年轻夫妻慢慢靠近小男孩，妻子挽着丈夫的手，笑盈盈地对儿子说："只有一个位置，你坐就好了，我们站着不要紧。"

"爸爸说我是男子汉，可以保护女人了，还是你坐吧！"小男孩不依不饶。

"人多拥挤，小心摔倒，还是你坐吧！"

"不，我是男子汉，你坐。"小男孩很倔强。

拗不过孩子，妈妈笑着坐下了，爸爸则亲昵地揉了揉儿子的小脑袋，还不忘夸一句"嗯，不错，像个男子汉。"

同行的距离很长，从他们的聊天中我知道，这是妈妈带儿子去军事博物馆，顺便送爸爸去上班。临近爸爸下车的时候，儿子一直嘛嘴问：“能不能不上班，我想你和妈妈一起陪我玩。”

“当然不能了，爸爸有爸爸的事情。你要乖，我下班就去接你。”爸爸蹲下身子对儿子说，“今天你的任务是照顾好我媳妇，不许你无理取闹，不许你惹她生气，任何人都不能欺负她，当然——你也不例外。”

“好，保证完成任务，一定照顾好你的宝贝媳妇儿。”说完，小男孩还敬了一个标准的军礼。

“哈——哈——”

看到这一幕的人都笑了，也包括我。我相信，那天见到这种情况的人一定被他们暖到了。你看，这就是灵魂有温度的男人，我相信，他的妻子一定是幸福的。

很庆幸，我的先生也是这样的一个暖男。

因为体质的原因，我整个孕期的状态都不好，因为食欲差，先生每天看着手机百度自学一道菜，学得多了，还有了自己做菜的门道，绝不雷同。

后来，入院待产期间，他请了假守着我寸步不离。动完手术后，他又陪我坐月子，不管小宝宝是拉臭臭还是哭了闹了，我真的就没操过一次心。那一个月，他不眠不休，整个儿瘦了好几圈。

“你老公对你可真好。”那天，小区里的一位妈妈对我说。

“我媳妇儿舍了命给我生孩子，不对她好对谁好？”那一刻，我觉得我先生前所未有的浪漫。

最令我难忘的还是我嫁给他的那一天，他握住我的手说："亲爱的老婆，从今起你就是我的人了，我养你一辈子。我负责赚钱养家，你负责貌美如花，咱俩分工合作，各尽其职！你可千万别偷懒给我省钱啊！"

有人说，"我养你"是世界上最毒的情话，但是那又怎么样？我还是感动得一塌糊涂。后来，先生真的做到了赚钱养家。当然，我食言了，因为我也不想他那么辛苦地付出。在我看来，最好的生活状态是，我也可以自给自足，你给我爱就好。

有文章说，嫁给没有温度的男人，你哭是错，笑是错，不哭不笑还是错，就连呼吸都是错，你渐渐心寒，心寒到一定程度，家就彻底变成冷宫了。说到底，女人要嫁给灵魂有温度的男人，让他心疼你的付出，看到你的辛苦，余生你才活得耀武扬威、趾高气扬。

有底气嫁给爱情，也要有勇气让爱情止损

不管爱情，还是婚姻，终极目的不是归宿，而是理解、是要找一个可以感同身受的人。你体会我的苦，我明白你的难。很多时候，一段婚姻走到尽头，根本不需要什么轰轰烈烈的大事，仅仅是心里的疲惫、不安和绝望，就已经足够了。

小区里，多多妈妈和孩子他爸离婚三天了。

“孩子才 2 岁，你怎么说离就离了？”我很诧异。

“实在忍不下去了，这哪里是找老公，我感觉自己整个嫁给一长不大的孩子。”多多妈叹口气，很无奈地告诉我：

圣诞节，她和老公一起带孩子去吃饭，孩子只有 2 岁，吃饭速度慢不说，还把“现场”弄得一地狼藉，惨不忍睹。为了给闹腾的孩子喂饭，她费了半天劲，最后孩子吃饱了，自己却还是饿着肚子。

“瞧你那磨磨唧唧的样，吃个饭都那么慢。一会儿又得多交一个小时停车费。”坐在对面的老公非但不帮忙，还冲着刚吃了两口饭的

她冷言冷语。

给小宝贝换纸尿裤，分不清正反面的他忙活半天，还是未能换好，非但不觉得自己的失职，反而还怪罪说，这本来就是你们女人的事。

晚上，她在洗手间洗衣服，他在客厅玩“王者荣耀”。多多说：“妈妈我要喝奶。”奶粉奶瓶就在客厅茶几上，他伸手就能够到。明明听见了多多的话，他却不为所动，直到孩子哇哇大哭。

“干吗呢？喊你冲奶粉你没听见啊？”

“我洗衣服呢，你就不能冲一下吗？”

“她喊你冲奶粉，又没喊我，凭什么？”

……

“这样的事儿一件一件、一天一天，积少成多就下决心离婚了。”多多妈一边忙着给多多换纸尿裤，一边告诉我。

是啊！有些婚姻，敌得过大风大浪，却输给了柴米油盐。说真的，这样的老公学不会体谅、张口就是责怪，要了还有什么意义呢？说不定没有他的存在，生活反而会轻松一些。

前段时间，那个带着孩子跳楼的湖南湘潭妈妈让我很是心疼。我在想该是怎样一种绝望才能让她如此生无可恋？绝望到骨子里的时候，死亡就成了唯一的出口。

现实中，一些男人根本不明白婚姻的意义，总以为娶了媳妇就等于找到免费保姆了，总以为自己拿钱回家就是一家之主了，所以就得家里我说了算。

有人这样说婚姻：遇见对的人，你就是万千人海里最幸运的人。

遇见错的人，他只会毁了你的生活。婚姻里，夫妻的付出与回报长期失衡，早晚会出问题。

办公室的欣然离婚了，大家知道这个消息后都拍手称快。

欣然和老公是相亲认识的。婚后，欣然很快怀孕了，她常常挺着大肚子挤地铁转公交上下班，独自去产检，回去后还要给老公端茶倒水，洗衣做羹汤。

现在的年轻人都痴迷游戏，她的老公也不例外。肚子挺得高高的欣然每次洗完衣服要晾晒，让他帮忙晒一下，他都无所谓地说，“怀个孕还不会晒衣服了？真矫情。”

不想低头的欣然搬来凳子，垫在脚下自己晒衣服，她曾流着泪水告诉我们，“我感觉自己是个杂技演员，一失手就有可能出人命。”

而最让欣然心寒的是她在产房生孩子痛了整整十几个小时，宫口才开到二指，羊水都流了一半。医生说她的情况不适合顺产，建议剖腹产好一些。

“剖什么剖，生个孩子哪那么多事？我妈生了五个连医院都没去过不照样好好的？”其实欣然明白，老公是怕多花钱。

随着宫缩间隔越来越短，欣然疼得冷汗直流，直到欣然妈妈赶来交了手术费，这生子风波才算完。

按理说，现在的年轻人很少有重男轻女的思想，但偏偏欣然的老公就是重男不喜女。结婚六年，生了三个孩子，所幸第三胎是个男孩，生孩子的事才算完。

在我们看来，欣然总是步履匆匆，好像时间总是不够用，公司聚会她几乎从不参加。下班买完菜，她要赶在老公下班回家之前准备好晚餐。开饭后，她要一边喂着一岁的老三，一边督促三岁的老二，还不忘盯着不好好吃饭的老大。

吃完饭，收拾桌子刷碗自不必说，她还要辅导功课，给孩子洗澡，整个流程下来，常常已到深夜。

不，这还不算完，家里七八口人的衣服还得她来洗。这一切，老公都冷眼旁观，像个局外人一样看着她忙碌。有时还要数落几句，不是菜有点咸就是衣服不平整，要么就是能不能别那么晚洗衣服，会吵着老爹老妈……

“我觉得自己是一个保姆，随时恭候主人的差遣。”欣然有次这么对我们说。

我倒觉得，欣然连保姆都不如。起码保姆不能和我们一起上班。离婚后的欣然好像开心轻松多了，我想这得益于她及时止损的决定。

对于男人来说，结婚只是身边多了一个人；可对于女人来说，身边多了一个家庭。这意味着要放弃原本习惯的生活，去适应全新的生活。

记得佟丽娅结婚的时候，佟爸爸当众对女儿说，嫁到老陈家以后要多干活，伺候老陈一家人。即使佟丽娅千般好，她老公还是出轨了，而且死不认错。

有人说，婚姻改善了男人的生活，却摧毁了女人的世界，青春在孩子的哭声中一去不复返，身材在孕育孩子的那一刻悄然改变，每天和柴米油盐打交道，脱掉高跟鞋公主裙，换上围裙戴上袖套在厨房奋战，十足的女汉子。

记得《离婚律师》里，有这样一个画面：

苗锦锈在得知董大海出轨后哭诉说：

“我为了你，辞掉工作，放弃自己的事业，带孩子操持家务，照顾老人尽心尽力，你却在外面拈花惹草，你的良心呢？”

董大海回答说：

“别说为了我，你嫁给谁，都会带孩子操持家务照顾老人的。”

看看吧！这就是现实，当我们觉得自己无私奉献时，他们却觉得天经地义，跟这样的人在一起生活有什么道理可言？真正幸福的婚姻是找个人一起好好过日子，有争执、吵闹，却也有温度和甜蜜。

老公如果不懂得体谅妻子的难，无论她是全职妈妈也好，职场妈妈也罢，再怎么无坚不摧，铜墙铁壁，总有一天她会觉得心累、直到心死。

婚姻并不是爱情的坟墓，嫁错人才是真正的走向绝路。对女人而言，婚姻无异于一场豪赌，嫁对了人天天都是甜甜蜜蜜你侬我侬的情人节，嫁错了人天天都是车祸现场，搞不好命都会搭进去。

很不幸，有些女人明知道自己嫁错了人，还要一错再错。为了孩子，为了面子，为了家人不敢及时止损，最后赔上自己的一辈子。

当然，我并不是鼓励离婚，离婚实在是万不得已才能想的出路。我只是希望在无爱的婚姻里能及时止损，千万别让自己的一辈子消耗在冷漠与绝望里。

第五章

姑娘，别欠自己一个幸福的模样

悦纳自己，才是改变自我的开始

爱自己是一场终生恋情的开始。最好的女性生活态度：不迎合、不媚俗，做一个只取悦自己内心的女子。

1

周末和几个朋友小聚，我问了她们一个问题：你觉得自己什么时候最美？

闺蜜小文说：那还用说，当然是恋爱的时候了。恋爱的时候，整个人容光焕发，精气神比任何时候都要好。

好友陈红说：我觉得我练瑜伽的时候最美，专注、动作到位，虽然大汗淋漓，但我感觉整个人身轻如燕，那感觉棒极了。

小梅说：当我在职场中打败竞争对手，签下一个新单的时候，感觉自己最美。

乐乐说：当我打扮精致，领完薪水一个人在商场买买买的时候，感觉自己最美。

听完她们的话，我觉得她们说的这些美丽时刻，大多都是爱自己，悦纳自己的时刻。

那什么是悦纳自己呢？简单来讲就是自己让自己快乐，自己让自己心满意足，不管自己是一个什么样的状态，我们必须珍爱自己。费尔巴哈说过：“你的第一个责任，就是让自己幸福。”悦纳自己，首先要学会尊重自己的内心，按照自己的心意而活。倾听自己的心声，不要因为他人的目光，挑剔自己，为难自己，委屈自己。

一直以来，我都不是一个很自信的人。因为在我看来，别的女孩子总是衣品惊人，气质出众，口吐莲花，她们到哪里都自带光环，轻易就能赢得大家的喜欢。而我呢？总是埋怨自己不够好，身材臃肿不堪，皮肤毫无光彩，总之，我处处都比不上别人，因此我一度陷在深深的自卑中。

说实话，我也很讨厌自己的状态，但是又不知道该从何处、该怎么改变自己。

“霞，我想你应该去看看心理医生了。”好友燕子看到我越来越糟糕的状态，不由分说就带着我来到她朋友开的心理诊所，虽然在这之前，我曾多次拒绝过她的这个提议。

“无病无痛，去什么诊所呢？”我总是这样回答，但我真正想说的却是，“心理诊所不是精神病人才应该去的地方吗？”

坐在飞驰的车上，街道两旁的景物被我们甩在身后，不知为何，我感到莫名的紧张。也许是源于对心理医生天生的排斥吧！燕子的车很干净，车里的音乐缓缓流淌，一枝桂花躺在挡风玻璃上静静地散发幽香，车里花香弥漫……这些都稍许缓解了一些我紧张的情绪。

“喏，到了。”

来不及多想，车子已经戛然而止。一座别致雅静的小院呈现在我眼前。院子里，摆满了各种鲜花绿植，虽然花木繁多却被主人摆放得层次分明，杂而不乱；一处小小的喷泉缓缓流淌，给小院平添了几分雅趣。

我还想仔细看看这里，就被燕子塞到了一间挂着心理工作室牌子的小屋子里。

环顾四周，墙壁是让人感觉很平静、很温馨的淡紫色，像极了薰衣草的颜色；房间里不时散落着一些毛绒玩具、小工艺品，看上去十分随性。这倒是很出乎我的意料，在我想象中，医生待的屋子不都是惨白惨白的吗？

“我想，你可能遇到什么麻烦了，能说说吗？也许我能帮助到你。”眼前的心理医生慈祥又温柔，语气亲切的让人无法拒绝，就好像多年不见的老友拉家常一般。

就这一句话让我卸下了所有防备，我将困扰自己很久的问题毫无保留地说了出来：

“我该怎么办？为什么所有的人都比我好，我感觉自己就像一只丑小鸭，而我身边的女孩子就像白天鹅，我怎么努力也做不到像她们那样。你知道吗？这让我很痛苦。”

“原来是这样啊！”

心理医生的话平静极了，她慢条斯理地从前边的桌子上端起一只青花瓷的杯子，目光柔和地问我：

“你能告诉我，这只杯子和你平时见的杯子有什么不一样呢？”

“这只杯子的杯口有一道裂缝。”我几乎都不用细看就看出了问题所在，所以答案脱口而出。

“是啊！虽然这只杯子有一道裂缝，但这丝毫不影响青花瓷的身份，更不影响它的使用。”一边说，心理医生还慢慢地向杯子里倒满了水，“世间的事，哪有十全十美呢？每个人都有缺陷，就如同杯子上的裂缝，如果能用一颗平常心接纳自己的不完美，不苛求自己、不勉强自己，那么你也就不会痛苦了。”

“道理我都明白，可就是很难做到。我也尝试过接纳自己，可只要一站在别人跟前，我所有的自信就都没了，我唯一能做的就是躲起来，冲自己发脾气。我讨厌自己的形象，我更讨厌自己不会说话，不懂如何赢得大家的喜爱。”说这句话的时候，我甚至还痛苦地闭上了眼睛。

“为什么一定要赢得所有人的喜欢呢？这有那么重要吗？”心理医生和颜悦色地说道，“我身边有这样一位朋友，我这位朋友长得非常漂亮，也很有才华。毫不夸张地说，她琴棋书画无一不精，并且都取得了不俗的成绩。尤其是她坐在那里弹琴的样子，专注而优雅，让人入迷。但是，如果你第一次见她站起来的样子，你一定会感到吃惊。”

“吃惊？”我很诧异，“这是为什么呢？”

“因为她没有左腿。”

“呀！”我大吃一惊，猜测说，“如果不是她的腿有缺陷的话，或许她会更优秀呢！”

“也有人问过她和你一样的问题，但是我的这位朋友却回答说，‘我要感谢我残缺不全的身体，如果不是腿有残疾，我可能会花更多的时间出去逛街购物、交友谈心，这样我就不能专心于自己喜欢的事情了。’”

听了这句话，我百感交集。

“所以说，人不需要十全十美，接纳身上的缺陷，没必要强硬地去弥补它，而是透过这份缺陷，可以看到人生美好的另一面。”

不知为何，通过这次谈话，我感到豁然开朗，有一种前所未有的轻松。就是从那一刻开始，我讨厌自卑的自己，并发誓要像别人一样，活出自己的模样，活出轻舞飞扬。

2

从那之后，现在的我从不自怨自艾，悲天悯人。

在阳光轻洒的日子，我会泡杯清茶，坐在电脑前敲出自己喜欢的文字；烟雨霏霏，我会聆听雨打芭蕉，弹琴写字……总之，生活处处都是美。我不用去刻意讨好谁，自己觉得好，就是真的好。

我现在越来越欣赏阮玲玉的那句话：“女人自信的时候是最美

的，我也是很晚才找到的。找到之后，你会觉得，有什么好怕的呢？怕也一样要面对，不怕也要面对，而在害怕的时候，你的样子会很紧张，一点都不美丽。”

我朋友薇薇安发生了这样一件事情。

薇薇安有着青春靓丽的外形，她独立自信、活泼开朗，播音主持专业毕业，可以说是个很优秀的姑娘。毕业后，在别人的介绍下，凭借良好的自身条件，顺利进入电视台实习。工作中，她不耻下问、勤勤恳恳，是个努力上进的人。

不巧，她和电视台里一位著名主播长得十分相似，私下里大家都叫她：“小 × ×”，在那位名主播的名字前多加一个“小”字，她并不在意，反而觉得这样也不错，因为大家更容易记住她。

其实，最重要的是，她对那位名主播一直十分崇拜，并且很想成为那样的人。于是，大家对自己的称呼，她也就听之任之了。

后来，那位名主播要去国外进修，电视台便让她来顶替那位名主播的工作。

“不管从气质、长相来看，我们都差不多，只要模仿她，观众一定会喜欢。”在一次聊天的时候，她这样对我们说。

她是个言出必行的姑娘。

很快，她就开始研究那位名主播的视频录像，想要尽量和名主播像一些，从表情到动作，从语速到声音，就连一些细枝末节她都不放过。这样做也收到了明显的效果，她进步很快。

节目播出一开始，反响还不错。观众觉得她清新自然，虽然还有一些不足之处，但大方沉稳。对于观众的评价，她很高兴。于是，对那位名主播的模仿变本加厉。

“这还是我自己吗？”看着镜中的自己，她也曾扪心自问，“明明是自己，可我怎么感觉哪里不对劲呢？”

几个月后，观众开始不喜欢她的节目了，大家纷纷留言。

没有特色；

模仿太明显，连动作都一样……

看到这样的留言，她眼泪汪汪，哑口无言。

“为什么不重新做回你自己呢？也许，观众喜欢的正是你自己的主持风格也不一定啊！”我这样告诉她。

“你说得对，再这样下去，我肯定会被淘汰的。”反省之后，她开始重新做回自己，不再刻意模仿谁，只是真真实实地做自己。没想到，几次下来，她主持的节目收视率节节攀升，大家都喜欢她带给大家的耳目一新的感觉。

台湾著名主持人小S曾写过一篇叫《悦己才能悦人》的文章，内容讲的是她新婚不久，为了取悦老公，在厨房做咖喱饭给老公吃的小故事。

她之前已经向大S请教过做咖喱饭的方法，也在脑子里反复演练过如何做好咖喱饭。等真正到了做饭的时候才发现没米，切洋葱时又被辣得泪水直流，咖喱块还落在被助理开走的车后座上，想到自己的初衷，她沮丧得放声大哭。

最后，她和老公去餐馆吃了一顿咖喱饭。坐在浪漫优雅的饭店里，她问自己："我为什么要拿不擅长的事和自己过不去呢？"此后，她不做饭了，而是请厨师代劳，而她则把自己打扮得漂漂亮亮的，陪老公吃饭。

我有位朋友看过这篇文章后，曾说她自私。但我认为，这并不是自私，而是知道如何去取悦自己，爱自己。试想一下，如果她不会做饭也不爱做饭却为了取悦丈夫逼迫自己努力做个会做饭的太太，不是会有委曲求全的意思吗？也许还会进一步埋怨丈夫呢！恐怕，这样的结果，她的丈夫也不愿接受。

她说："当你真的让自己过得开心之后就会发现：你的亲人和家庭，你周围的世界，并没有因为你的'自私'而变得糟糕。相反，正因为你活好了自己，他们也分享了你的快乐、幸福和成功；你所能给予家人和这个世界的，反而会更多。"

何必在意他人眼光，女人就该活出自我

每个精彩的女人都该有自己的生活态度和方式，都有自己对事物的评价标准。只有全面而真实地活出自我才不会盲目和迷失，才能收获真正的幸福。

公司同事出差去美国带回一本《不要用爱控制我》的书给我。书中有这样一句话让我很想和大家分享：

“人们对我们进行评价，实际上只是假装知道我们的内心世界，是在对我们的精神边界进行攻击，如果接受攻击，那么很不幸，我们就会迷失自我，甘于接受别人的控制。”

第一次看到这句话就让我想起曾红极一时的一代影后阮玲玉。

因为不堪忍受众多的流言蜚语，阮玲玉于 1935 年 3 月 8 日早早结束了自己年仅 25 岁的生命。25 岁，正是一个人青春正好的时候，这位才华横溢的年轻姑娘，才刚刚大放异彩就被残酷的现实摧残得体无完肤，以至于不惜用自己的生命做代价。在去世之前，她含恨写下“人言可畏”的字眼，用自己的生命印证了“唾沫星子淹死人”

的俗话。

她的离开，让人觉得惋惜不已。真正理智而又坚强的女人，不管面对什么样的飞短流长，都会云淡风轻，一笑而过，因为懂得：子非鱼，焉知鱼之乐？我要走的路，别人不需搅和。

多年前，我曾去日本京碧寺游览过。在它的山门上有一块匾额，上面写着十分醒目的“第一义谛”四个大字。这四个字可不简单，听说是200多年前洪川大师的手迹。据史书记载，为了写好这四个字，洪川大师当年反反复复地写了85遍。

历史上的洪川大师做事讲究细节，一丝不苟，在他的耳濡目染下，弟子们也承传了他的作风。当年，洪川大师在写这四个字时，一位很受洪川大师喜欢的弟子也在旁边观摩。洪川大师每写一幅字，弟子都摇头说不太好：要么说字的结构不好，要么就说字的饱满程度不一样。在弟子喋喋不休的评论中，洪川大师只好耐着性子一遍又一遍地书写。

时间过得真快，一转眼半天过去了，洪川大师已经一连写了84幅字，可没有一幅让弟子真正满意。

后来，弟子有事出去了，没有了弟子的注视，洪川大师一直紧绷的神经才松弛下来，心想：我终于不用管他说什么了。在心无旁骛的心境下，他挥毫泼墨，一气呵成，自由地书写了第85幅——“第一义谛”。

等弟子忙完事情回来，看到师父写的字迹，连连称赞：

“精品，真是精品，这简直就是神来之笔嘛！”

通过这件事情我们可以看出，洪川大师前面的84幅字都写得不如意，并不是水平的问题，更多的是太在意别人的想法，一味迎合别人就无法跟随自己的意愿走，就会始终被他人的目光和评价所桎梏。

谁都明白，活在他人的目光里，自然无法做到心如止水，而书法这件事，讲究的就是平心静气。

我不禁感叹，连洪川大师这样的人物都难免被别人牵绊，又何况我们普通老百姓呢？大多时候，女人比男人更敏感。别人无意间说的话、做的事，有时或许只是一个不经意的眼神都能让我们心神不宁，并为此郁闷很多天。事实上，这真是没有必要。过日子是自己的事情，别人无权干涉，只要你坚信自己做的事情能够给自己带来快乐，足矣。

最近，求职综艺节目《非你莫属》我期期必追，上一期节目中，台上的小张给我留下尤其深的印象。

选手小张毕业于普通院校，通过荧幕，她给我一种情商很高、台风稳健的感觉。通过介绍，知道她在校期间成绩优秀，实习期间得到优质锻炼，但她的自信分数居然很低。

她虽然是应届毕业生，但在1家4A广告公司，实习加转正已经将近一年时间了。

参与过众星群集的线下活动执行，参加过 20 多个项目方案的撰写，还曾经独立负责过 3 个善始、却没有善终的项目。

有嘉宾问：

“你为什么要放弃在 4A 广告公司的好机会，而选择上台找工作呢？这不合常理啊！”

看到这里，我也觉得这其中必有隐情。

原来，在上一份实习工作的半年里，她接了 23 个项目，但是只有 5 个项目完成了，这让她很有挫败感。

她还这样自我评价：无论什么工作，只有得到老板的赏识与认可，我才能觉得工作有动力。

“你要坚持自己是有用的才行，难道别人不认可你，就是你没用吗？”主持人涂磊老师反问。

一直旁听的观察员也补充道：

“一个员工，不能只活在领导的情绪里，你不用因为领导一时的评判，来决定自己的价值。很多年轻人在意领导的看法，甚至愿意遇到一个每天笑嘻嘻的领导。但一定要明白：领导的价值，不在于他怎么看你，而是在于他能让你学到什么。”

每个精彩的女人都该有自己的生活态度和方式，都有自己对事物的评价标准。如果只是为了取悦别人，一味地满足他人的价值观，为难自己，那真是太不应该了。在生活这个大舞台上，只有自己才是主角，导演也只能是自己。只有全面而真实地活出自我，才不会盲目和迷失，才能收获真正的幸福。

很欣赏席慕蓉的一句话："我跟自己说好，要活得真实，不管别人怎么看我，就算全世界否定我，我还有我自己相信我。我跟自己说好，要过得快乐，无须去想是否有人在乎我，一个人也可以很精彩。我跟自己说好，悲伤时可以哭得很狼狈，眼泪流干后，要抬起头笑得很漂亮。"

用你的不妥协，坚守自己想要的快乐

每一位想要快乐的姑娘大可以将自己的时间用于自己想做的事情上，完全不用为应付他人而有所妥协地做一些违心的事情。走自己的路，管他天高海阔，我自云淡风轻。

“有时候，有时候，

我会相信一切有尽头。

相聚离开，都有时候，

没有什么会永垂不朽……”

我很喜欢在安静的时候坐下来聆听王菲的歌曲，总觉得她的歌声空灵纯净，一尘不染，飘飘然宛如天籁，总是很轻易就能直击人心。我觉得，能唱出这样打动人心歌曲的王菲，一定是一位智慧长者，抑或是一名有孩童般天真的姑娘。

“呀！菲姐又开始瞎胡闹了。”我总是私下里这样称呼她。

在网上不经意间看到王菲一家在“嫣然天使基金慈善拍卖舞会”现场跳劲舞的视频，我不禁哑然失笑。

2017 年 9 月 23 号晚上，因为在晚宴上多喝了几杯，菲姐一时兴起，舞兴大发，三下两下就把大女儿窦靖童和小女儿李嫣，一起带进了舞池，几人全然不顾大家的眼光，众目睽睽下疯狂热舞，把基金慈善拍卖舞会现场的氛围带到了高潮。

在网上这段视频里，菲姐没有任何章法地手舞足蹈，完全放飞了自我。窦靖童也在妈妈的感染下左摇右摆，摆臀扭胯，抱着妹妹在舞池中一圈又一圈地转个不停……

一直在旁边“观战”的李亚鹏，似乎也受到极大的感染，一向沉稳有加、老成持重的他也加入其中，还跳起了滑稽的手枪舞。

在这段视频的下方，各种各样的言论如排山倒海一般，媒体调侃她既没有形象包装，也没有动作设计，跳的是“尬舞”，还直言说王菲的天后形象再次炸裂。

谁说不是呢？和前几日刚落幕的巨星云集的慈善晚宴相比，这里的菲姐没有华服和仪式般的笑容，也没有那么多镁光灯和镜头聚焦，甚至原本精致的妆容都在疯狂的蹦蹦跳跳中变得有些凌乱。

除了媒体的评论，一般观众倒是喝彩叫好者多。

其实，我早就明白，世界上的姑娘千百种，每一位姑娘行走江湖的方式都不同，但天后菲姐靠的是性情、真性情。

菲姐天后的桂冠可谓实至名归，虽然一直顶着它，但却从不被这顶桂冠所累，从不向它妥协，因为在她眼中，我行我素，才是她的处事原则。

或许，一直打动你我的，也正是这样率真、豪迈的她。

有谁能够想到，她可以任性地将自己的眼睛涂成熊猫眼，两腮抹上夸张的大红胭脂，而一样让人心生爱怜；演唱会上，即使生完两个女儿的她却依然像个孩童般扎两个小羊角辫，大家可不觉得她是作……

“王菲的歌咿咿呀呀的，有什么好听的呢？我还是喜欢李宇春，萧敬腾。”

“王菲？高冷的女神。”

“王菲谁不知道？就是和谢霆锋好的那个呗！哎，老牛吃嫩草。”

……

“虽然，她的整首歌都咿咿呀呀，让人听不清内容，但是你不觉得她有很多心里话想倾诉吗？”

“‘高冷的女神’这一名头只是经纪公司或媒体给她的标签，但这一人设早就被她活生生毁掉了，而且是义无反顾。”

我如是回答。

想想看，只要是明星，为了不影响自己的名誉，哪一位不是化好妆才出门，即使出门，也是墨镜、口罩全副武装。可菲姐呢？睡衣、拖鞋，揉着眼睛就旁若无人地上公厕；别的明星将自己的婚恋史隐瞒得结结实实，生怕给自己带来不好的负面影响，可菲姐呢？想结婚就结婚，想生娃就生娃，从来不向任何声音妥协。

一开始，她喜欢上比自己小 11 岁的谢霆锋，也不管外界如何非议她老牛吃嫩草，硬是在媒体的长枪短炮下昂首挺胸地牵起他的手；后来，与谢霆锋分手嫁给李亚鹏后，她更是像普通家庭主妇般，上超市给女儿买平价运动衣裤，有人还拍出一段她在夜市上和卖家讨价还价的视频；再后来，她在一片舆论声中，毅然决然地结束了与李亚鹏 10 年的婚姻，没有像别的明星那样互揭其短，没有鱼死网破，即便夫妻缘尽于此，两人仍互道珍重。再再后来，和谢霆锋又重修旧好。

这就是王菲，天后王菲。

王菲曾说，我的生命里必须要有游戏，每个阶段的游戏都不一样，但爱情，是她一如既往的追求。

有了完美的面具就真的快乐吗？我相信，敢想敢做的菲姐在做这些事情的时候一定是快乐的，因为她从不向任何事情——妥协。

想想自己，很多时候我们都在妥协，妥协是为了自己过上更好的生活。

每个姑娘，从小就被要求好好学习。是啊，有一份好的学历，就能有好的工作；有好的工作就会有好的收入；有好的收入，就是一份好嫁妆；如果顺利嫁人，我们还要求自己是那个出得厅堂、入得厨房、人前人后可以给丈夫长脸的好妻子，于是，琴棋书画、茶艺花道我们样样不落；养个孩子，希望他（她）不输在起跑线上，可以高颜值、高情商、高 IQ，十项全能，带到哪儿都能给自己长脸；就连妈妈这个角色，我们都要求自己事业家庭两不误，当然，最重要的是保持颜值与身材双在线……

但是看看菲姐，虽然已经离过两次婚，有两个孩子，与比自己小 11 岁的谢霆锋谈着不被大家看好的恋爱，但她依旧我行我素，始终听从自己内心的声音，坚守自己想要的快乐。

很多时候，我也常常问问自己："当我做这件事的时候，真的是为了自己高兴吗？还是有意无意地在向某种势力妥协？"

在我的书桌上，有一本叫作《月亮和六便士》的书。书中，"我要画画"是主人公思特里·克兰德最喜欢说的一句话。不管别人怎么说他，他总是不停地重复说："我要画画。"即使他的画作不被大家认可。在小说的结尾，他让他的妻子，把所有的画作，甚至连同房子，都一起烧掉了。

他这样的举动可能让人觉得匪夷所思，但是我却有些理解他。

在思特里·克兰德眼中，生命中最有意义的事就是画画。他享受画画的过程，不需要给予任何评价。哪怕没有任何人欣赏他的画，他也一样会坚持。因为对他来说，画画是为了取悦自己，而不是取悦别人。有了这样的想法，所以他想画的时候就画，画完，就烧掉，极为自由。

我清楚地记得，1993 年尔冬升导演的影片《新不了情》一炮而红，影片的同名曲也随之广为流传。作为歌曲的演唱者，万芳的名字也被大家所熟知。说实话，我也是被《新不了情》这首歌打动才去看的电影。

万芳走红后，有人采访她："《新不了情》之后，您也发表过其他专辑，不过这么多年来最让大家念念不忘的还是《新不了情》，请问您是否介意别人记住你的只有这一首歌呢？"

"可能有人听到我的名字会说：'万芳？是从古墓里爬出来的吗？'因为《新不了情》是1993年的歌，所以很多人会觉得这个歌手是要拄拐杖出来唱吧。其实我一点都不介意这一点，因为我喜欢唱歌，别人是不是知道我不重要，唱歌使我快乐，这就够了。"

万芳的回答何其精彩，只要自己快乐，这就够了。

幸福的姑娘应当心似海洋，充满力量

女人心，当如海洋，温柔得可以包容所有，却永远不失自我的力量。

马尔克斯在《霍乱时期的爱情》里有这样一段话，一度带给我极大的震撼：

“她提醒他，弱者永远无法进入爱情的王国，因为那是一个严酷、吝啬的国度，女人只会对意志坚强的男人俯首称臣。因为只有这样的男人才能带给她们安全感，她们渴求这种安全感，以面对生活的挑战。”

安全感这个词，是被很多女孩子经常挂在嘴边的一句话。我坚信这样一句话：婚姻中，只有当你和对方一起努力的时候，才能建造起只属于你们两个人的甜蜜堡垒。所以，别把安全感完全寄托给对方。

有人采访当红艺人杨幂，会不会不定时给老公刘恺威打电话查岗？杨幂当即表示：自己从不打电话监督老公在干什么，因为老公有老公的自由，我有我的自由。是啊！美好的婚姻不是能用那张纸来证明的。如果仅凭一张纸，对方怎么可能为你提供十全十美的安全感呢？

朋友诺诺的丈夫宁远比她大 11 岁，对她的爱，像恋人又像慈父。结婚几年，她一直很享受被照顾的感觉，在她看来，自己能在所爱的人怀里当一辈子公主真是最大的幸福。

事实的确如此：

雨天，宁远会利用午休开车去给诺诺送伞；大大小小的节日，宁远总是会千方百计准备惊喜，鲜花、贺卡、项链……诺诺遇到麻烦的时刻，宁远总是会站在她身后，替她摆平一切；只要是诺诺想要什么，宁远总会不计成本地满足她；需要陪伴的日子，只要宁远有空，所有的时间一定都留给诺诺。

从恋爱到结婚，他们之间的爱情甜蜜得让身边所有朋友嫉妒。

宁远是个做事认真，心思缜密的人，最近，公司老总让他负责打理分公司的事务，事业做大了，宁远经常要到各地出差，这样一来，待在家里陪诺诺的时间自然越来越少。有时候，甚至连电话或者信息也不能及时回复。

“这是为什么？宁远是不是心里有别人了，还是他不爱我了？”诺诺总是这样问自己，虽然她明明知道，宁远只是比原来忙太多了。

一直习惯被呵护的诺诺陷入了恐慌之中。她打电话给朋友，一把鼻涕一把泪地说：“这么久了，我都习惯了他陪在我身边。以前，我睡觉的时候，总让他把手放在我的腰上，只有在他怀中，我才能安然入睡。夜深人静的时候，能听见他的声音，看见他给我的留言我才觉得踏实，可是现在，他越来越不在乎我了，我对他已经没有安全感了。”

事情的发展真的很狗血，诺诺从一开始对宁远的微词，到不满，再到最后的吐槽和哭诉，终于让宁远不胜其烦。一个平常得再不能平常的日子，宁远找了一家两人常去的咖啡馆，平静地对她说：

“对不起，我们离婚吧！我累了。”

其实，诺诺应该早就意识到，宁远不是圣人，他也有身心俱疲的那一天。在这段婚姻里，爱情早就被她严重透支了。

熟悉诺诺的人都知道，她是个极度缺乏安全感的女子，所以才需要被呵护，被捧在手掌心。但是，没有谁能保证这双手永远都在。在这个世界上，没有永远的靠山，只有靠自己，才能让心灵变得充实，拥有强大的力量。

看过电影《玻璃樽》的人应该熟悉舒淇在片中的一句台词：“谁会给你安全感？安全感这东西是自己给自己的。”是的，舒淇说得没错，只有自己给自己才是最安全的。

我认识一位年轻的姑娘叫小文，她从小受古典文化的熏陶，她一直觉得女生就应该是脆弱的，理所应当得到更多的照顾和疼爱。

二十几岁的时候，眼看着周围的朋友不是恋爱就是走进婚姻的城堡，她也一度很渴望丘比特的爱神之箭可以射中自己，帮助自己找到心目中的白马王子。在她看来，有好的人品、好的事业、有八块腹肌的身体、温和谦恭彬彬有礼这些都是白马王子的标配。遗憾的是，寻寻觅觅中，还没有找到如意郎君，她就到德国留学了。

之所以选择去德国留学，这和小文的小姨有很大的关系。小姨一直说："但凡是有理想的女人，去德国发展都是很不错的选择，因为那里才有真正的男女平等。德国的女人们很强势，但德国女人的强势，是自由发展起来的，也是德国男人承认并尊重的。比如说默克尔。德国男人没有大男子主义，他们允许一个女人堂而皇之地坐上总理的位子，可以任由她在政界大展拳脚施展抱负。"

到了德国，小文发现小姨的话果然一点没错。在德国女人眼中，从来没有性别差异的概念。一个很明显的现象是，在国内的篮球比赛中，男生几乎不会跟女生一起玩，哪怕他们玩得再不好，也会觉得篮球是男生的专利，女生只能是一旁当啦啦队喊加油的。但是在德国，她经常在体育馆跟男生打球，只要你会站位，任何一个男生都不会因为你是女生而不传给你，这是很多国内男生做不到的。

回国后，她在亲戚朋友眼里已经算是大龄女青年了，出于好心，大家纷纷给她介绍男朋友，就连父母都有点着急地说：

"小文啊！给你介绍那么多有房有车、条件很不错的男孩子你怎么就是看不上呢？你到底要找个什么样的啊？"

"再这样下去，年纪大了，你可就真的成剩女了。"姐姐也在一旁帮腔。

“我才不在乎什么车啊房啊的，俗不俗？”小文很傲气地回答，“我不会因为钱嫁给我不爱的人，也不会因为钱离开我爱的人，我希望做任何事都随自己的心性。说到房子，我自己买不就行了，银行的存款够够的；车子，我开的宝马740还不够好吗？至于我的另一半，你们就不要操心了，遇到合适的，我就嫁了。”

对于小文这个心似海洋、充满力量的女子我们完全不用担心她是否会幸福，因为她知道什么是爱，更知道什么才是自己真正想要的。

很喜欢歌舞剧《跑路天使》的主题曲，歌中唱道：“我的心是一片海洋，可以温柔，却有力量。我想要大声歌唱，任何人都不能阻挡……”

做一个骨子里从容优雅的好心态姑娘

这世间，最昂贵的奢侈品是你自己。愿每一位姑娘精致到老，眼里长着太阳，笑里都是坦荡。

整理书架时，我无意在一本有些泛黄的历史书籍中看到有这样一封离婚协议书：

“愿娘子相离之后，重梳蝉鬓，美扫蛾眉，巧呈窈窕之姿。选聘高官之主，解怨释结，更莫相憎。一别两宽，各生欢喜。”

写这句话的人和妻子之间到底发生了什么样的故事我无从知晓，但是能写出这样委婉平和的离婚协议书，心态想必是极好的。

在我们漫长的一生中，多多少少都有一些刻骨铭心却又求而不得的感情经历吧！当相爱的两人分开后，是睚眦必报，还是仇人见面分外眼红，抑或是老死不行往来，但不管是哪种，最好的结果我觉得都不如“一别两宽，各生欢喜”来得好。

有人在采访朱茵时问她怎么看待她和周星驰曾经的感情，没想到，朱茵只是面带微笑，一脸和气地说：

“说起周星驰，我要感谢他当年的不娶之恩。”

平平淡淡一句话，却将朱茵的胸襟和气度展露无遗。当时，朱茵和周星驰谈了整整三年的恋爱，最后却因为周星驰移情别恋，迟迟给不了她想要的幸福，朱茵才选择离开他。

好一句“感谢你的不娶之恩”，我想，就是因为她能如此看得开，才有了今天爱她如命，对她呵护备至的老公黄贯中吧！如果换作其他人，一定认为再提起这个人，心里必是满腔怒火，可朱茵却对他心怀感恩，这样的好心态恐怕没有几人能做到。

是啊，爱情固然美好，但“得到”与“失去”却不由人意。得之，我幸；不得，我命。

在热播电视剧《那年花开月正圆》中，女主周莹的经历说白了也是心态转变的过程。

自己的挚爱吴聘去世，这让周莹痛不欲生，这种痛虽然扒皮蚀骨，但她终究活了下来，并从吴聘为她打开的那扇商业之门中，发现了更加广阔的新天地。

她认为自己这一辈子再也不会爱上别人，因为早已心死，却没料到沈星移愿意把自己的心给她，甚至不惜自己的生命。生死之际，周莹终于明白自己对沈星移的感情是“如有来生，与君欢好，定死方休”。

可是后来，沈星移为了保护吴家两百多口人，同样惨死在周莹面前，那时她 32 岁，再一次痛失爱人之后，还得孤独地继续行走。

如果就此一蹶不振，消极沉沦，可能就不会有后来在商场上翻手为云覆手为雨的女汉子周莹了。她明白，在她的世界中，除了爱情，家人、子女、伙伴、师生，这些牵绊同样也是牵挂，这些都不允许她如从前般任性，一意孤行。

你的心态是什么样，你就拥有怎样的前景。是沉沦还是奋起，都在转变心态的一念之间。

有这样一个有趣好玩的故事：

有两口子，上班之前妻子将洗好的被子挂在阳台上晾晒。原本艳阳高照的天到了中午突然下起了倾盆大雨。见此情景，妻子就给老公打电话，让老公回家收被子。

事情到了这里原本该结束了，但喜剧的是，到了妻子下班的时候，被雨淋成一团的被子依然“好好的”挂在阳台上。

“我不是叫你收被子吗？你的公司离家这么近，收收被子不就三五分钟的事儿？”妻子气急败坏地说道。

“哎呀，吼什么嘛，”老公一脸无辜地解释说，“即使我当时就回家，雨也已经下了，被子也已经湿了，让我去收也是湿的，说不定，大雨还会把自己淋湿，这样你还得替我洗衣服，这是不是得不偿失呢？”

“你——”妻子欲言又止。

“这样吧！雨也停了，我们还是去买一床新被子吧！你不是早就看中了一条新被子嘛，这样，不管多贵，我掏钱怎么样？”老公讨好地说。

就这样，小两口欢欢喜喜地去买被子去了。

平常的生活里，我们最常犯的错误就是，不好的事情明明已经发生了，我们却不断纠结，甚至把坏脾气转向其他人、其他事，最后反而导致了又一连串不愉快的发生。

我们每个人的生活注定都有波澜，而决定你是否过得幸福的区分点就在于你以怎样的心态去看待所遭遇的一切事。

我的好友珠珠是北京一家上市公司的管理人员，她最早是公司的文员，然后凭着埋头苦干一步一步走到飞黄腾达的今天。她性格温和，刚到公司时，其他同事总是额外“照顾”她，又脏又累的活儿总少不了她。

没关系，只要她有空闲时间，一定会尽自己的全力做好，并且从无怨言。一开始，我几乎每次约她她都在公司加班。

“你可真是傻姑娘，怎么就不会拒绝呢？真想做职场‘老白干’啊？”实在看不惯她总是被人剥削，我忍不住发声。

“没事，说不定‘傻人有傻福’呢！”一句话让我无言以对，只好任她去了。

付出的努力从来都不会背叛自己，随着她接手的工作阅历越多，她对公司的业务也越来越熟悉，一个人竟然清楚了公司财务、销售、综合、行政等所有部门的工作。

后来，公司研发新项目，当大家都挤破头想要争夺第一人选时，她早已被公司选定。很多资历比她好的人不服，问及原因，领导回答说：只有她是全公司里经验最足，接触过的业务最多，心态最好的人。

你有什么样的心态，就有什么样的前景。带着一颗积极向上的心态，不管面对什么困境，你的生活终将柳暗花明。

姑娘，你的善良要有点锋芒

纵有万千的道路可以让我们抵达人生的终点，而善良一定是人生路上最好的修行。生而为人，请务必善良。愿每一位姑娘生活有花，心中有爱，都被世界温柔以待。

1

在2017年，江歌事件曾一度成为新闻热点。当我详细了解整个案件之后，我才知道，人性可以低劣恶毒到这种地步。

江歌从小就跟母亲相依为命，她之所以能去日本留学，全靠她妈妈卖掉房子，在集市上做布料生意所得的收入。

江歌从小就很懂事，知道妈妈供养自己不容易，学习勤奋努力，别人用两年才能读完的语言学校，她只用了短短一年。

在日本留学期间，她交往了最不该交往的人——刘鑫。刘鑫是江歌的闺蜜。

因为刘鑫不堪忍受前男友的死缠烂打，加上暴力威胁，同是山东老乡又曾住过一个宿舍的江歌，就主动邀请刘鑫去她家住。

事发当天，她俩一起从车站回家。为了保护自己的好朋友，江歌让刘鑫先进门，自己则留下来独自面对刘鑫的前男友。但就在争执过程中，江歌却被刘鑫的前男友活活砍死了。

尽管屋子外面传来江歌的惨叫，和她前男友的争执声，但刘鑫自始至终，都选择了逃避，整个过程，她都没有开门从家里出来，哪怕看江歌一眼。

最让人心寒的是，直到江歌葬礼、火化，刘鑫都没有露面，甚至连江歌妈妈的微信都不回。甚至干脆拉黑了江歌妈妈的微信，约了朋友美美地去吃了顿饭，一脸开心地还上传照片，换了个新发型，买了个新包包，泰然自若，谈笑风生。

尽管江歌妈妈为了联系刘鑫做出了种种努力，等到的结果却是一通不堪入耳的谩骂。

江歌的死让人扼腕叹息：姑娘，只有善良的人才配你的善良，那些不知好歹的人根本就不配。

原本这世界上所有的善良，都应该被好好对待，可有些人的自私真的能够颠覆我们对人性的认知。

人在做，天在看。

虽然，镜头前的她对着记者大哭不止，但让人心寒的是，她哭的原因仅仅只是因为，二十几岁的她因为这件事被逼得没有了自由而觉得委屈。

真是可恨。你怎么不想想，江歌跟你一样花样年华，她失去的可不仅仅是自由，更是自己鲜活的生命啊！

有人说，生而为人，务必善良。但我老家的爷爷常说，地狱空荡荡，恶魔在人间。

2

2017年夏天在杭州发生的保姆纵火案件也让人唏嘘不已。在这场大火中，烧死了三个孩子一个大人，唯一存活的父亲的一生都要在懊悔中生活。

因为主人一家的善良放过了一个三观不正、道德丧失的保姆，导致自己家破人亡。江歌也正是因为自己的善良，导致自己命赴黄泉。

我想告诉每一位姑娘，在这个世界上，你若好到毫无保留，就有人敢坏到肆无忌惮。

生而为人，当然需要善良，从小父母都教导我们要做一个善良的人。毫无疑问，善良是一种崇高的品德，但是，过剩的善良，我觉得并不可取。

一个人饥寒交迫的时候，你给他一些物质上的资助，就可以解决他的燃眉之急，想必他也会心怀感恩，但如果你总是无私地帮助，他就会觉得理所当然。

我不是不提倡善良，我只是想说，善良也要有自己的底线。如果不是用在对的事情和对的人身上，善良不要也罢。